König · Volmer · Fleer

mini-handbuch **Systemische Organisationsberatung**

Eckard König

Gerda Volmer

Yannik Fleer

mini-handbuch Systemische Organisationsberatung

BELTZ

Haftungsausschluss: Alle vorgestellten Konzepte sind Anregungen, die nur von Fachpersonen nach eigenem Ermessen im Rahmen gesetzlicher Vorschriften genutzt und/oder variiert werden sollten. Autoren und Verlag übernehmen keinerlei Haftung.

Dieses Buch ist erhältlich als:
ISBN 978-3-407-36802-7 (Print)
ISBN 978-3-407-36821-8 (E-Book PDF)
ISBN 978-3-407-36823-2 (E-Book epub)

1. Auflage 2022

Lektorat: Ingeborg Sachsenmeier
Umschlagillustration: Jonathan Bachmann
Herstellung: Michael Matl
Satz: publish4you, Roßleben-Wiehe
Druck und Bindung: Beltz Grafische Betriebe, Bad Langensalza
Beltz Grafische Betriebe ist ein Unternehmen mit finanziellem Klimabeitrag (ID 15985-2104-1001).
Printed in Germany

Weitere Informationen zu unseren Autor_innen und Titeln finden Sie unter: www.beltz.de

Inhaltsverzeichnis

TEIL 4
HANDLUNGSFELDER

TEIL 5
ANHANG

Teil 1

Grundlagen

Systemische Organisationsberatung: Was ist das?

BEISPIEL: HILFE, DIE BERATER SIND DA!

Die Firma Bergstein, ein mittelständischer Zulieferer mit ungefähr 3 000 Mitarbeitenden, muss umstrukturieren. Viele Abläufe gehen zu langsam, die Kosten sind zu hoch, es knirscht überall im Getriebe.

Die Geschäftsleitung beschließt, eine renommierte Unternehmensberatung heranzuziehen. Das Beratungskonzept wird vorgestellt, eine überwältigende PowerPoint-Präsentation dargeboten, Die Geschäftsleitung ist beeindruckt, das Beratungsunternehmen erhält den Auftrag.

Eine Herde von Beraterinnen und Beratern fliegt ein. Es werden Analysen durchgeführt, Angehörige des Unternehmens müssen Arbeitszeiten dokumentieren und Fragebogen ausfüllen. Die Unternehmensberatung entwickelt ein Konzept: Zwei Hierarchieebenen sollen entfallen, Teams werden neu zusammengesetzt, Mitarbeitende sollen entlassen werden. Die Geschäftsleitung setzt das Konzept um.

Doch es funktioniert keineswegs. Es gibt Probleme mit den Mitarbeitenden, die neuen Strukturen greifen nicht. Auf Rückfrage bei der Unternehmensberatung bekommt die Geschäftsführung zu hören, dass man wohl das Konzept nicht richtig umgesetzt habe – aber gern dabei (in einem neuen Auftrag) unterstützen würde.

Vielleicht kennen Sie solche Situationen und haben sie vielleicht in Ihrer eigenen Organisation schon leidvoll erlebt. Beraterinnen und Berater, so das übliche Verständnis, sind Experten, die eine Analyse durchführen und auf deren Basis ein Konzept entwickeln. Aufgabe der Organisation ist es dann nur noch, dieses Konzept umzusetzen.

Doch oft passt eine solche »Beratung von außen« nicht zur Organisation.

Systemische Organisationsberatung, wie wir sie hier verstehen, geht anders vor.

BEISPIEL: SYSTEMISCHE BERATUNG VERLÄUFT ANDERS

Hier startet der Beratungsprozess mit einem gemeinsamen Kick-off-Workshop mit der Unternehmensleitung, dem Betriebsrat und einigen weiteren Teilnehmenden aus verschiedenen Bereichen. Es wird zunächst geklärt, was die Unternehmensleitung erreichen möchte und welche Rahmenvorgaben gelten sollen.

Alle Beteiligten bringen ihre Sichtweise ein. Und im Blick darauf schlagen die Beraterinnen und Berater das Vorgehen vor. Es gilt, nicht ein Konzept »von außen« aufzusetzen, sondern »das Wissen der Organisation« zu nutzen. Daraus entwickelt sich ein völlig anderer Beratungsprozess.

Dieser Beratungsprozess startet mit Interviews mit Führungskräften und Mitarbeitenden: Wo sehen sie Stärken und Schwächen der Organisation? Was sind ihre Ideen?

Es werden unterschiedliche Sichtweisen deutlich, aber am Ende entwickelt sich ein gemeinsames Bild: In der Regel fehlt eine gemeinsame Vision, Rollen und Schnittstellen sind unklar. Häufig herrscht die Erwartung, die Unternehmensleitung müsse erst einmal klare Vorgaben machen.

Auf dieser Basis entsteht das Konzept für das weitere Vorgehen: Ein Visionsworkshop mit 26 Teilnehmerinnen und Teilnehmern verschiedener Führungsebenen und Bereiche wird durchgeführt. Es bilden sich Arbeitsgruppen, die Schnittstellen bearbeiten und Vorschläge zur Vereinfachung von Abläufen entwerfen. Führungskräfte werden mithilfe von Coaching unterstützt. Es wächst allmählich eine andere Organisation heran.

An diesem Beispiel lassen sich drei zentrale Merkmale systemischer Organisationsberatung aufzeigen:

- der Blick auf das soziale System
- das andere Beratungsverständnis
- die Nutzung des Wissens der Organisation

Was das heißt, wollen wir im Folgenden genauer ausführen.

DER BLICK AUF DAS SOZIALE SYSTEM

Die Beraterinnen und Berater in unserem ersten Beispiel versuchen, die Ursache für die Probleme zu erfassen – und finden sie auch: Prozesse und die Struktur der Organisation müssen geändert werden.

Doch dieses Ursache-Wirkungs-Denkmodell ist zu einfach. Es gibt offenbar nicht immer »die« Ursache, sondern es existiert ein komplexer Zusammenhang zwischen verschiedenen Faktoren, die sich wechselseitig bedingen. Die Veränderung der Prozesse hat Auswirkungen auf die Motivation und Einstellung der Mitarbeitenden, was wiederum Auswirkungen darauf hat, wie die Veränderungen umgesetzt werden. Zugleich spielen noch andere Faktoren eine Rolle, zum Beispiel inoffizielle Regeln wie »Auch diese Umstrukturierung wird nicht die letzte sein. Also lehne dich erst einmal zurück und warte ab!«.

Die Grundlage systemischer Organisationsberatung ist ein anderes Denkmodell: die Systemtheorie. Die Systemtheorie wurde in den 1950er-Jahren entwickelt, als man zunehmend feststellte, dass lineares Ursache-Wirkungs-Denken in komplexen Situationen nicht ausreicht. Zentrale These ist, dass es in einem sozialen System nicht die eine Ursache gibt, sondern dass hier stets verschiedene Faktoren einander beeinflussen. Daraus ergibt sich folgende zunächst sehr allgemeine Definition.

INFO: DEFINITION VON SYSTEM

Ein System ist eine Menge von Elementen, zwischen denen Relationen bestehen und das von einer Systemumwelt abgegrenzt ist (Hall/Fagen 1974, ursprünglich 1956).

Diese Definition war ursprünglich auf ganz unterschiedliche Arten von Systemen angelegt von physikalischen über biologische und ökologische bis zu sozialen und politischen (ausführlicher König/Volmer 2018; 2020). Sie ist im Blick auf soziale Systeme zu konkretisieren. Ein Team als ein soziales System zum Beispiel zeichnet sich dadurch aus, dass Menschen sich Gedanken über die Wirklichkeit machen und auf dieser Basis handeln. Daraus ergibt sich ein Systemmodell der »personalen Systemtheorie«, das Eckard König und Gerda Volmer im Anschluss an Gregory Bateson Anfang der 1990er-Jahre entwickelt haben und das im Unterschied etwa zur Systemtheorie von Niklas Luhmann Personen ausdrücklich als Elemente des sozialen Systems betrachtet.

ELEMENTE SOZIALER SYSTEME: PERSONEN UND IHRE SUBJEKTIVEN DEUTUNGEN. Dass die Situation eines sozialen Systems von den Personen abhängt, ist offenkundig: Eine neue Vorgesetzte, aber auch das Ausscheiden eines Teammitglieds werden das System verändern. Entsprechend gilt das ebenso für unser Beispiel: Es wird davon abhängen, ob ein Promotor die neue Struktur vorantreibt und wie viele Unterstützer oder Gegner der neuen Struktur es gibt.

Es wird auch davon abhängen, was die Mitarbeitenden über die neue Struktur denken und was sie dabei empfinden, ob sie sie als hilfreich oder nur willkürliche Umstrukturierung bewerten.

Wir verwenden hierfür den Begriff »subjektive Deutung«, wobei »subjektiv« darauf hinweist, dass es die einzelnen Personen (Subjekte) sind, die sich jeweils ein Bild von der Wirklichkeit machen. Dabei geschieht diese Deutung der Wirklichkeit auf zweierlei Art:

- als Kognition, also in Form der Gedanken, die sich eine Person zu dieser Situation macht und
- als Emotion, das heißt in Form von Empfindungen und Gefühlen zu dieser Situation.

Auf unser Beispiel bezogen: Mitarbeitende überlegen sich, was die neue Struktur für sie bedeutet – und sie haben zugleich ein unmittelbares Gefühl, sie fühlen sich möglicherweise hilflos.

RELATIONEN: SOZIALE REGELN UND REGELKREISE. Regeln sind Anweisungen, die festlegen, was man in einem sozialen System tun soll, tun darf oder nicht tun darf. Die Einhaltung von Regeln ist durch Sanktionen gestützt. In unserem Beispiel bedeutet das: Wenn eine neue Struktur eingeführt wird, hat das zur Folge, dass Regeln abgeändert werden. Wer hat welche Aufgaben? Wer darf welche Entscheidungen treffen?

Neben diesen »offiziellen« Regeln, die in Gesetzen, Arbeitsplatzbeschreibungen, Erlassen und dergleichen kodiert sind, gibt es aber in jedem System zudem geheime Regeln, die nicht offiziell festgelegt sind, möglicherweise auch im Gegensatz zu offiziellen Regeln stehen, aber trotzdem Geltung besitzen und deren Einhaltung auch durch Sanktionen abgesichert wird. Eine für unser Beispiel möglicherweise inoffizielle Regel könnte lauten: »Wenn ein neuer Change kommt, lehne dich zurück und warte ab – auch dieser Change wird vorbeigehen.« Diese Regel kann möglicherweise wirkungsvoller sein als alle offiziellen Regeln.

Aus den subjektiven Deutungen und den sozialen Regeln entstehen wiederkehrende Verhaltensmuster: Immer wieder wird die Organisation umstrukturiert, immer wieder werden die gleichen Themen diskutiert.

Solche festgefahrenen Muster nennt man in der Begrifflichkeit der Systemtheorie »Regelkreise«. Sie sind das wohl augenfälligste Merkmal sozialer Systeme. Es gibt nicht die Ursache, sondern verschiedene Faktoren beeinflussen sich wechselseitig.

UMWELT UND SYSTEMGRENZEN: Die COVID-19-Pandemie hat deutlich gemacht, wie die Systemumwelt soziale Systeme beeinflusst. Plötzlich griffen bewährte Verhaltensweisen nicht mehr, mussten neue Regeln eingeführt werden. Zur Systemumwelt zählen außerdem gesetzliche Vorgaben, die Wettbewerbssituation am Markt, Betriebsvereinbarungen, Erlasse der Ministerien und anderes mehr.

Systemumwelt ist zudem die materielle Umwelt: die Technik, auch die örtliche Situation, die Einrichtung des Büros. Hat jeder sein eigenes Büro, in dem er oder sie sich abschotten kann? Oder gibt es nur noch flexible Arbeitsplätze? Arbeiten alle oder ein Teil der Mitarbeitenden im Homeoffice?

Zur Systemumwelt gehören schließlich auch andere soziale Systeme: Für ein Team besteht die Systemumwelt aus anderen Teams, anderen Bereiche. Für eine Organisation werden die jeweiligen Familiensysteme der Mitarbeitenden die Umwelt sein, aber auch die Kundinnen und Kunden, die Konkurrenz, andere Organisationen. Es gibt keine eindeutige Zuordnung, was jeweils System und was Umwelt ist, sondern es wird von der jeweiligen Fragestellung abhängen. Wenn ich ein Team berate, dann sind die anderen Teams die Systemumwelt. Wenn ich eine Organisation insgesamt berate, dann sind Kunden und Lieferanten Teil der Umwelt und die einzelnen Teams Subsysteme innerhalb des größeren Systems.

Verschiedene soziale Systeme (zum Beispiel zwei Teams) grenzen sich durch Systemgrenzen voneinander ab. Systemgrenzen sind durch Regeln definiert: Darf man sich mit Personen des anderen Teams unmittelbar austauschen – oder muss das über die Vorgesetzte laufen?

Systemgrenzen können mehr oder weniger durchlässig sein. Vielleicht kennen Sie Teams, die sich massiv gegeneinander abschotten. Dort ist die Systemgrenze geschlossen. Oder: Ein Bereichsleiter geht immer wieder unter Umgehung der Abteilungsleiterin auf Mitarbeitende zu. In diesem Fall fehlt eine klare Abgrenzung. Systemgrenzen können auch diffus sein: Es ist überhaupt nicht klar, was im Team entscheiden wird, wo die Vorgesetzten einzubeziehen sind.

ENTWICKLUNG SOZIALER SYSTEME: Entwicklung ist ein Merkmal, das biologische und soziale Systeme von anderen unterscheidet. Jedes System hat eine Vorgeschichte, die in die Gegenwart hineinwirkt. In unserem Beispiel spielt möglicherweise die Geschichte früherer Umstrukturierungen eine große Rolle, die vielen Mitarbeitenden in Erinnerung ist und ihr Handeln beeinflusst.

In die Zukunft gerichtet sind folgende Fragen grundlegend: In welche Richtung soll die weitere Entwicklung gelenkt werden? Soll eine grundlegende Umstrukturierung erfolgen? Soll man nachbessern? Oder soll man versuchen, die bisherige Struktur zu stabilisieren?

Zusammengefasst: In komplexen sozialen Situationen gibt es offenbar nicht die eine Ursache, sondern es greifen zahlreiche Faktoren ineinander. Bildlich dargestellt:

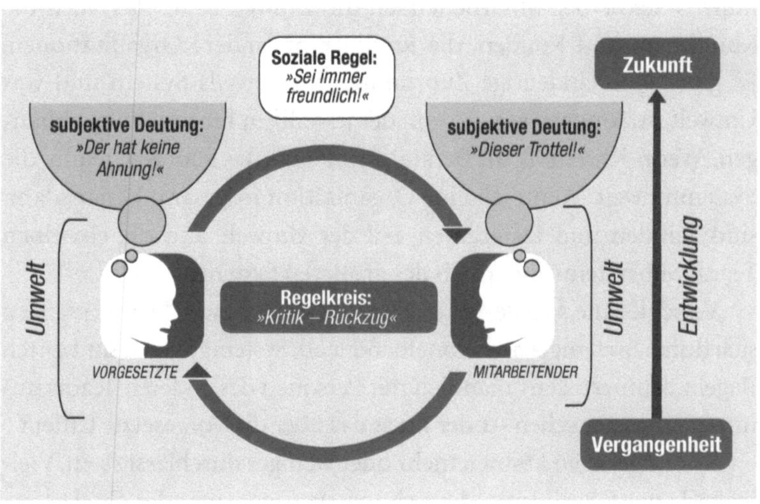

Systemisches Denken bedeutet, den Blick auf die verschiedenen Faktoren des sozialen Systems zu lenken, zu fragen, welche Systemfaktoren die jetzige Situation beeinflussen und welche Ansatzpunkte für eine Weiterentwicklung sich daraus ergeben.

SYSTEMISCHE DIAGNOSE UND INTERVENTION AUF VERSCHIEDENEN EBENEN		
	Diagnose des sozialen Systems	Systemische Interventionen
Personen	• Wer sind die relevanten Personen?	• Veränderung von Nähe und Distanz • Wechsel von Personen
Subjektive Deutungen	• Was sind ihre (kognitiven und emotionalen) subjektiven Deutungen?	• Veränderung subjektiver Deutungen
Soziale Regeln	• Welche sozialen Regeln bestehen?	• Veränderung sozialer Regeln
Regelkreise	• Welche Regelkreise bestehen?	• Unterbrechung hinderlicher Regelkreise
Umwelt und Grenzen	• Welche Bedeutung hat die (soziale oder materielle) Systemumwelt? • Wie ist die Grenze zu anderen sozialen Systemen?	• Veränderung der materiellen Umwelt • Veränderung der Grenze zur sozialen Umwelt
Entwicklung	• Was ist die Vorgeschichte?	• Tradieren oder verändern?

ÜBUNG: ANREGUNG ZUR WEITERARBEIT

Um den eigenen systemischen Blick zu schärfen, können Sie folgende Übung durchführen. Nehmen Sie sich Ihr Team oder eine Organisation, mit der Sie zusammenarbeiten, als Beispiel und betrachten Sie anhand dieses Beispiels die Systemfaktoren:

- Wer sind die Personen, die eine Rolle spielen?
- Was sind deren subjektive Deutungen?
- Welche Regeln und Regelkreise gelten?
- Was ist die Systemumwelt, und wie hat sich dieses System entwickelt?

Sie schulen damit Ihren systemischen Blick.

Zu den Grundlagen unseres Systemmodells folgen auf den nächsten Seiten einige Hinweise:

THEORETISCHER HINTERGRUND UND LITERATUR

Systemtheorie als theoretische Grundlage: Die Systemtheorie ist Mitte des 20. Jahrhunderts entstanden, als zunehmend deutlich wurde, dass sich komplexe Situationen nicht linear-kausal erklären lassen, sondern dass hier grundsätzlich verschiedene Faktoren ineinandergreifen.

In diesem Kontext wurden seit der zweiten Hälfte des 20. Jahrhunderts verschiedene Systemtheorien für unterschiedliche Bereiche entwickelt beispielsweise in der Biologie (Ludwig von Bertalanffy 1972), Ökologie (Vester 1991) und Soziologie (Luhmann 1984).

Das Modell, auf das wir uns hier stützen, ist die »personale Systemtheorie« in der Tradition von Gregory Bateson (1981). Unter dem Einfluss von Bateson entstand 1958 in Palo Alto, Kalifornien, das Mental Research Institute (MRI). In diesem Kontext entstanden dann zum Beispiel das Kommunikationsmodell von Paul Watzlawick (Watzlawick u. a. 2017, ursprünglich 1969) oder die entwicklungsorientierte Familientherapie von Virginia Satir (Satir u. a. 2007), in der das Systemmodell von Bateson mit dem humanistischen Menschenbild in der Tradition von Carl Rogers verknüpft wird.

Eckard König und Gerda Volmer, ausgebildet am MRI und insbesondere bei Virginia Satir, haben dann in den 1980er-Jahren dieses Modell auf Organisationen übertragen und 1989 die erste Ausbildung in systemischer Organisationsberatung durchgeführt.

LITERATUR

»Klassiker« der personalen Systemtheorie sind:

- Bateson, G. (1981): Ökologie des Geistes. Frankfurt am Main: Suhrkamp
- Watzlawick, P./Beavin, J./Jackson, D.D. (2017): Menschliche Kommunikation. 13. Auflage. Bern: Hans Huber (ursprünglich 1967)
- Watzlawick, P. (2009): Anleitung zum Unglücklichsein. 15. Auflage. München: Piper (ursprünglich 1983)
- Satir, V. (2010): Kommunikation, Selbstwert, Kongruenz. 8. Auflage. Paderborn: Junfermann (ursprünglich 1972)

Einen Überblick über verschiedene Konzepte der Systemtheorie geben:

- Ballreich, R. (2021): Systemische Perspektiven. Stuttgart: Concadora
- Lindemann, H. (2019): Konstruktivismus, Systemtheorie und praktisches Handeln. Göttingen: Vandenhoeck & Ruprecht
- Lutterer, W. (2021): Eine kurze Geschichte des systemischen Denkens. Heidelberg: Carl-Auer

Ausführlichere Darstellungen des hier zugrunde gelegten Ansatzes der personalen Systemtheorie und der Anwendung im Kontext systemischer Organisationsberatung finden Sie bei:

- König, E./Volmer, G. (2018): Handbuch systemische Organisationsberatung. 3. Auflage. Weinheim, Basel: Beltz (unter dem Titel »Systemische Organisationsberatung« erstmals 1994)
- König, E./Volmer, G. (2020): Einführung in das systemische Denken und Handeln. 2. Auflage. Weinheim, Basel: Beltz

BERATUNG ALS HILFE ZUR SELBSTHILFE

Im Beispiel der Firma Bergstein (s. S. 10) treten die Beraterinnen und Berater als Experten auf, die von außen eine Diagnose durchführen und anschließend Vorschläge unterbreiten, was zu tun ist. Beratung ist hier »Expertenberatung«.

Aber: Dieses Beratungsverständnis greift nicht in komplexen Situationen. Vermutlich haben Sie das selbst schon des Öfteren erlebt: Jemand von außen gibt Ihnen Ratschläge – aber die passen nicht. Organisationen sind komplexe Systeme, die sich nicht technisch von außen steuern lassen, sondern eine Eigendynamik besitzen. Das erfordert ein anderes Beratungsverständnis: Beratung als Hilfe zu Selbsthilfe. Diese Definition hat Ruth Bang im Kontext der Sozialarbeit Ende der 1950er-Jahre eingeführt (Bang 1963).

Systemische Organisationsberatung, so können wir im Anschluss daran formulieren, bedeutet, eine Organisation darin zu unterstützen, sich selbst weiterzuentwickeln. Berater sind hier nicht die Experten, die es »besser« wissen, sondern systemische Organisationsberatung ist Unterstützung eines sozialen Systems, sich selbst »besser zu verstehen« und neue Lösungen für anstehende Herausforderungen zu finden. Das bedeutet im Einzelnen:

- Systemische Organisationsberatung unterstützt dabei, das Wissen der Organisation aufzudecken und zu nutzen. Vielleicht kennen Sie den Satz: Wenn die Organisation wüsste, was die Organisation alles weiß, wäre sie weitaus erfolgreicher! Dieses Wissen in Interviews, gemeinsamen Workshops oder in ganz normalen Besprechungen aufzuspüren, ist Aufgabe systemischer Organisationsberatung.
- Das Wissen der Organisation setzt sich zusammen aus verschiedenen Perspektiven. Eine Geschäftsführerin wird andere Aspekte wahrnehmen als die Buchhalterin. Jede erfasst wichtige Aspekte, jede hat aber auch ihre blinden Flecken. Wenn man diese verschiedenen Perspektiven zusammennimmt, ergibt sich ein umfassendes Bild.
- Dabei ist auch die Perspektive einer Organisationsberaterin von außen eine wichtige Perspektive. Sie sieht andere Aspekte als die Mitglieder eines Teams, und kann damit ihr Wissen und ihre Erfahrung als zusätzliche Perspektive miteinbringen.

Daraus ergeben sich zwei unterschiedliche Formen von Beratung: Prozess- und Expertenberatung. Prozessberatung bedeutet, ein Team zum Beispiel durch Fragen (wir nennen sie »Prozessfragen«) zu unterstützen, selbst neue Lösungen zu entwickeln. Expertenberatung heißt, als Expertin von außen Anregungen einzubringen. Aber diese Anregungen sind immer nur eine mögliche Perspektive – und nehmen der Organisation nicht die Verantwortung ab.

INFO: SYSTEMISCHE ORGANISATIONSBERATUNG BEDEUTET

Organisationen und die Menschen in Organisationen zu unterstützen,

- die Situation aus einer anderen Perspektive zu sehen,
- selbst neue Lösungen zu finden und
- sich selbst weiterzuentwickeln.

MENSCHENBILD UND HALTUNG

Manche Bücher mit Titeln wie »Die 100 besten Change Workshops« oder »Die 500 besten Coachingfragen« suggerieren, man brauche nur bestimmte Tools anzuwenden, um eine Organisation erfolgreich beraten zu können. Sicherlich sind Tools hilfreich – aber sie sind nur die eine Seite. Die andere Seite ist die Grundhaltung der Beraterin oder des Beraters. Sie wirken entscheidend als Person: Sich zurücknehmen, nicht die eigenen Vorstellungen einem Team überstülpen, in die Kompetenz des Teams oder der Organisation vertrauen, all das ist keine Technik, sondern ist eine Grundhaltung. Systemische Organisationsberatung setzt, wie wir hier formulieren können, ein bestimmtes Menschenbild voraus: die Grundannahme, dass Menschen sich entwickeln können und dazu über die erforderlichen Ressourcen verfügen. Beratung kann nur die Aufgabe haben, diese Entwicklung zu unterstützen.

Grundlage dafür ist das Menschenbild der Humanistischen Psychologie, wie es von Carl Rogers, Abraham Maslow und anderen entwickelt wurde. Dieses Menschenbild ist durch folgende Hauptthesen gekennzeichnet.

INFO: HUMANISTISCHES MENSCHENBILD IN DER TRADITION VON CARL ROGERS

- Menschen können sich entwickeln in Richtung größerer Autonomie und Selbstständigkeit. Sie sind von sich aus in der Lage, neue Einsichten und neue Lösungen zu entwickeln.
- Entwicklung wird angestoßen durch Selbstkonzept und Erfahrung. Selbstkonzept ist das Bild, das ich mir von mir selbst mache. Erfahrungen kommen von außen. So kann ich von mir das Bild haben, dass ich eine erfolgreiche Führungskraft, eine erfolgreiche Lehrerin, ein erfolgreicher Student bin – und mache dann doch die Erfahrung, dass ich in einer schwierigen Situation scheitere, eine Prüfung nicht so schaffe, wie ich es erwartet habe. Dieser Widerspruch zwischen meinem Selbstkonzept und der jeweiligen Erfahrung gibt den Anstoß zur Weiterentwicklung.
- In vielen Situationen schaffe ich es allein, Selbstkonzept und Erfahrung wieder auszugleichen, aber nicht immer. Und in diesen Situationen ist Beratung hilfreich: Eine andere Person unterstützt dabei, die Erfahrungen zu reflektieren, die Situation aus einer anderen Perspektive zu betrachten.
- Entwicklung wird unterstützt durch die Grundhaltungen der Wertschätzung, Empathie und Authentizität.

Daraus ergibt sich folgendes Verständnis systemischer Organisationsberatung:

SYSTEMISCHE ORGANISATIONSBERATUNG BEDEUTET, DAS WISSEN DES SOZIALEN SYSTEMS ZU NUTZEN. Soziale Systeme lassen sich nicht technisch steuern, sondern besitzen eine Eigendynamik.

Konsequenz ist, dass Sie als Beraterin nicht der Organisation die richtige Lösung »verkaufen« müssen. Sie können vertrauen, dass eine Person oder ein soziales System über die Ressourcen verfügt, sich selbst weiterzuentwickeln. Sie können in der Beratung diesen

Prozess unterstützen, aber Sie können ihn nicht steuern. Das zu akzeptieren ist gerade für Anfängerinnen und Anfänger schwierig (wir kennen es aus unseren Organisationsberatungsausbildungen). Allzu leicht meinen wir, wir wüssten das »eigentliche« Problem der Organisation oder die »richtige« Lösung.

SYSTEMISCHE ORGANISATIONSBERATUNG BASIERT AUF DEM HUMANISTISCHEN MENSCHENBILD UND DER DARAUS RESULTIERENDEN GRUNDHALTUNG. Das bedeutet im Einzelnen:

- Systemische Organisationsberatung erfordert Wertschätzung. Carl Rogers sieht Wertschätzung als »eine entgegenkommende, positive, nicht besitzergreifende Wärme ohne Einschränkungen und ohne Wertungen« (Rogers 1977, S. 24). Daher gilt es, die anderen als Person zu akzeptieren, sich bewusst zu machen: In diesem Moment ist die Person, die mir gegenüber steht, die wichtigste Person auf der Welt.
- Systemische Organisationsberatung erfordert Empathie. Empathie ist keineswegs Mitgefühl im Sinne eines Mitleidens. Empathie bedeutet also, sich in die anderen hineinzuversetzen, sensibel zu sein für die emotionalen Signale.
- Wir erleben das in unseren Beratungsprozessen immer wieder: Als Beraterin oder Berater benötigen Sie »ein Gefühl« für die Organisation. Wenn Sie durch die Werkshallen, durch ein Schulgebäude gehen, wenn Sie mit einzelnen Personen sprechen, erhalten Sie eine Fülle emotionaler Signale, die sich dann zu einem Bild, zu einem Gefühl für das Systems verdichten und Ihnen helfen können, die richtigen Schritte in der Beratung zu gehen.
- Schließlich: Systemische Organisationsberatung erfordert Authentizität oder – wie Rogers formuliert – Kongruenz als »eine aufrichtige Beziehung von Person zu Person zwischen zwei unvollkommenen Menschen« (Rogers 1977, S. 26). Und das bedeutet: auf die eigenen Empfindungen zu achten und nur das zu tun, wozu ich als Person stehen kann.

- Das erfordert zugleich professionelle Distanz: Der Wert der Beratung liegt darin, dass jemand, der nicht betroffen ist, den Prozess steuert. Wer als Beraterin oder Berater zu tief in der Organisation ist, verliert diese Distanz und wird »Teil des Systems«.

Systemische Organisationsberatung beginnt nicht damit, dass man sich Gedanken über das Problem macht oder sich geeignete Methoden überlegt. Systemische Organisationsberatung beginnt bei Ihnen persönlich: sich als Beraterin oder Berater Ihres Menschenbildes und Ihrer daraus resultierenden Haltung zu vergewissern.

ÜBUNG: ANREGUNG ZUR WEITERARBEIT

Vermutlich die beste Möglichkeit, die Inhalte dieses Buches zu vertiefen, besteht darin, sie auf die eigene Situation anzuwenden.

- Betrachten Sie Ihr Team, Ihre Organisation als soziales System und gehen Sie die einzelnen Faktoren durch. Welche Personen spielen hier eine Rolle? Was sind ihre subjektiven Deutungen? Welche geheimen Regeln gibt es? …
- Reflektieren Sie einen Beratungs- oder Veränderungsprozess, den Sie erlebt haben. Welches Beratungsverständnis stand dahinter? War die Veränderung von außen aufgesetzt?

LITERATURTIPP

Als Einführung zum Thema Menschenbild sei genannt:

- Rollka, B./Schultz, F. (2011): Kommunikationsinstrument Menschenbild. Wiesbaden: VS Verlag für Sozialwissenschaften

Als Einführungen in das Menschenbild von Rogers und Satir:

- Rogers, C./Schmid P. F. (2004): Personzentriert. 4. Auflage. Mainz: Matthias-Grünewald
- Satir, V./Baldwin, M. (2004): Familientherapie in Aktion. 6. Auflage. Paderborn: Junfermann

Teil 2

Die Struktur des Beratungsprozesses …

GROW als Grundstruktur

BEISPIEL: EIN NEUER AUFTRAG

Barbara, Jens und Ute haben sich vor zwei Jahren als systemische Organisationsberater selbstständig gemacht. Jetzt haben sie einen neuen Auftrag erhalten: Sie sollen die Firma Wagner begleiten, ein Unternehmen, das Lasertechnologien entwickelt. Das Unternehmen ist in den letzten Jahren von ursprünglich 30 auf 220 Mitarbeitende gewachsen und will weiterwachsen. Dafür möchte es sich neu aufstellen.

Vielleicht kennen Sie solche Situationen: Ein Beratungsprozess steht an. Doch wie soll man diesen Prozess strukturieren? Einfach mal anfangen – oder einen detaillierten Zeitplan erstellen?

Ein Grundmodell, das sich hier anbietet, ist das Modell des Problemlösungsprozesses, wie es in den 1930er-Jahren in der Psychologie entwickelt wurde. Dabei ist »Problem« nicht im alltagssprachlichen negativen Sinn zu verstehen. Ein Problem liegt immer dann vor, wenn es darum geht, eine bestehende Situation zu verändern, und man nicht im Vorhinein weiß, wie man vorgehen soll. Insofern hat die Firma Wagner ein Problem: Sie will weiterwachsen und weiß nicht, wie sie sich dafür aufstellen soll.

Aus diesem Modell des Problemlösungsprozesses ergibt sich eine einfache Grundstruktur. Verdeutlichen wir es am genannten Beispiel:

- In einem ersten Schritt geht es darum, das Ziel genauer zu klären. Was genau will die Firma Wagner? Und was soll im Blick darauf Ziel des Beratungsprozesses sein? Sollen neue Strukturen geschaffen werden? Sollen selbstorganisierte Teams eingeführt werden? Muss die Rolle der Führungskräfte geklärt werden? Oder ist das Ziel bewusst offen, und die Geschäftsleitung erwartet von der Organisationsberatung einen Vorschlag, wo sie ansetzen soll?

- Im zweiten Schritt erfolgt die Analyse der Ausgangssituation. Wo genau liegen die Schwierigkeiten der Firma Wagner? Aber auch: Was läuft gut und sollte beibehalten und verstärkt werden? Die Firma Wagner ist offenbar erfolgreich und dazu haben bestimmte Erfolgsfaktoren (möglicherweise das Engagement der Mitarbeitenden) beigetragen – eben genau diese Faktoren gilt es, beizubehalten und zu verstärken.
- Daran schließen sich die Planung und Umsetzung von Maßnahmen an: Sollen Workshops durchgeführt werden, in denen Verbesserungen erarbeitet werden? Sollen selbstorganisierte Teams eingeführt oder ein Führungsleitbild erarbeitet werden? Welches Vorgehen ist sinnvoll?
- Schließlich muss der Organisationsberatungsprozess irgendwann zu einem Abschluss kommen: Was ist erreicht? Ist das Unternehmen jetzt gut aufgestellt – oder sind neue Probleme aufgetreten? Ist die Veränderung nachhaltig?

John Whitmore, ursprünglich Rennfahrer und dann Coach und Berater, hat diesen Problemlösungsprozess auf eine einfache Formel gebracht: GROW (Whitmore 2006, S. 60 ff.).

INFO: GROW

- *Goal:* Was ist das Ziel, das erreicht werden soll?
- *Reality:* Wie ist die Ist-Situation? Was läuft gut? Wo liegen Probleme? Welche Faktoren haben zu dieser Situation geführt?
- *Options:* Was sind Ideen? Welche möglichen Vorgehensweisen gibt es? Was sind Vor- und Nachteile?
- *What next:* Wie lautet das Ergebnis? Was sind die nächsten Schritte?

Natürlich kann man die einzelnen Phasen noch weiter untergliedern oder einzelne Phasen zusammenfassen. So unterteilt Toyota den

Problemlösungsprozess in acht Schritte: Das Problem klären, den Ist-Zustand erfassen, das Ziel setzen, der wahren Ursache auf den Grund gehen, Maßnahmen entwerfen, Maßnahmen umsetzen, das Ergebnis überprüfen, das Ergebnis verankern.

Der Vorteil des GROW-Modells liegt darin, dass es eine einfache Struktur bietet, die auf unterschiedlichen Ebenen gleichermaßen anwendbar ist:

- Ein komplexer Beratungsprozess (wie im genannten Beispiel) lässt sich damit in die Hauptphasen Auftragsklärung (Goal), Diagnosephase (Reality), Umsetzungsphase (Options als Planung und Umsetzung von Maßnahmen) und Abschlussphase (wozu zum Beispiel die Evaluation gehört) gliedern.
- GROW bietet gleichermaßen eine Struktur für einzelne Maßnahmen. In einem Workshop ist es sinnvoll, zunächst zu klären, was Thema und was das Ergebnis sein soll. Daran schließt sich eine Reality-Phase als Klärung der Ist-Situation an: zum Beispiel eine Stärken-Schwächen-Analyse des Teams. Im Anschluss daran sind Ideen für das weitere Vorgehen zu entwickeln und zu bewerten (Options). Abschließend sind dann das Ergebnis und die nächsten Schritte festzulegen (What next).

GROW: Schritt für Schritt

BEISPIEL: DER ERSTE WORKSHOP

Eine der ersten Maßnahmen des Beratungsteams ist der Auftrag, einen Teamworkshop durchzuführen mit einem der Entwicklungsteams, das aus sechs Personen besteht. Hier – so die allgemeine Einschätzung – läuft die Zusammenarbeit eher mittelmäßig. Ute, die den Workshop durchführen soll, überlegt, wie sie den Workshop strukturiert.

Es geht darum, Lösungen für bestehende Probleme zu finden. Und damit bietet sich an, GROW als Grundstruktur zugrunde zu legen – ein Vorgehen, das wir in der Praxis oft anwenden und das eine einfache und logische Struktur liefert.

GOAL (ORIENTIERUNGSPHASE): Stellen Sie sich vor, Sie sind Teammitglied und der Workshop startet unmittelbar mit den Inhalten. Vermutlich können Sie sich nicht sofort darauf einlassen. Ihnen fehlt die Zeit zum Ankommen und sich auf die Situation einzustellen: Wer ist die Leiterin? Wer sind die anderen Teilnehmenden? Wie ist die Stimmung?

Entsprechendes gilt für Sie als Beraterin. Auch für Sie ist es wichtig, sich auf die Situation einzustellen. Sie müssen sich orientieren, sich Ihre Rolle bewusst machen.

METHODE: DER START DER BERATUNG

- Beratung fängt bei der Beraterin oder dem Berater an. Sich selbst klarmachen: Systemische Beratung heißt, das Team (oder die einzelne Person) zu unterstützen, selbst neue Lösungen zu finden, sich weiterzuentwickeln. Meine Aufgabe ist, den Prozess zu steuern.

- Die eigene Position im Raum austarieren. Die Sitzposition sagt viel über Nähe und Distanz aus. Sitzt ein Berater hinter einem Schreibtisch und baut damit gleichsam eine Systemgrenze auf? Ist er mit im Stuhlkreis (und demonstriert damit Nähe)? Oder steht er? Nehmen Sie sich dafür Zeit und wählen Sie einen Platz, der für Sie stimmig ist.
- Kontakt zu den Teilnehmenden aufnehmen. Das kann durch Small Talk vor Beginn erfolgen, aber ebenso beim Start zum Beispiel durch Blickkontakt. Nehmen Sie sich die Zeit, den Blick schweifen zu lassen. Sie werden intuitiv eine Fülle von Informationen aufnehmen – und geben den Teilnehmenden die Möglichkeit, sich auf Sie einzustellen.
- Den Teilnehmenden die Möglichkeit geben, etwas von sich zu erzählen. Dabei ist die übliche Vorstellungsrunde (Name, Position in der Organisation) meist wenig aussagekräftig. Versuchen Sie, diese Runde so zu gestalten, dass die Teilnehmenden auch emotional erlebbar werden: Jeder erzählt eine kleine Geschichte, die ihn oder sie charakterisiert, erzählt ein Highlight der letzten Woche …
- Natürlich benötigt ein Beratungssystem auch Regeln. Manche Moderatoren führen am Anfang wichtige Regeln explizit auf: »Wir lassen einander ausreden …« Die andere – und aus unserer Sicht häufig bessere – Möglichkeit ist, zu Beginn auf die Thematisierung der Regeln zu verzichten und die Regeln selbst vorzuleben. Das bedeutet: selbst wertschätzend auf andere einzugehen, die anderen aussprechen zu lassen, möglicherweise aber auch anhalten, wenn sich eine Vorstellung zu einem langen Dialog entwickelt.

Erst wenn das erfolgt ist, können Sie zur inhaltlichen Orientierung übergehen. Folgende Prozessfragen zur Steuerung des Coachingprozesses können Ihnen dabei helfen:

METHODE: PROZESSFRAGEN IN DER ORIENTIERUNGSPHASE (GOAL)

- Was ist das Thema?
- Wie viel Zeit steht uns dafür zur Verfügung?
- Was soll zu diesem Thema das Ergebnis sein?
- Wie gehen wir dazu vor?

Das Thema zu finden ist verhältnismäßig einfach. Sie können Ihre Gesprächspartner fragen (zum Beispiel im Rundgespräch), welche Themen heute anstehen. Das Thema kann vorgegeben sein. Oder Sie als Beraterin können ein Thema, das möglicherweise aus Vorgesprächen deutlich geworden ist, vorschlagen.

Oft vergessen wird aber, das Ziel festzulegen: Soll ein Lösungsvorschlag erarbeitet werden? Geht es darum, Ideen zu sammeln oder die Situation zu klären? – All das ist denkbar, aber es muss eindeutig sein. Es gilt das Motto: »Wenn du nicht weißt, wo du hinwillst, musst du dich nicht wundern, wenn du nicht hinkommst.«

Dabei kann das Ziel auf zwei Ebenen liegen. Das Ziel »Wir wollen als Team besser zusammenarbeiten« – wir nennen es »Prozessziel« –, wird nicht in einem dreistündigen Workshops zu erreichen sein. Sie müssen es dann auf ein konkretes »Beratungsziel« herunterbrechen, also auf das Ziel, das am Schluss, dieses Coachinggesprächs, dieses Workshops oder dieser Arbeitsphase erreicht werden soll: »Im Blick darauf, dass Sie besser zusammenzuarbeiten wollen, was möchten Sie heute als Ergebnis mitnehmen?«

UNSER TIPP

Machen Sie sich als Beraterin oder Berater den Unterschied zwischen Prozess- und Beratungsziel deutlich:

- Prozessziel ist das Ziel, das am Ende eines längeren Prozesses erreicht werden soll.

- Beratungsziel ist das Ziel, das am Schluss dieses Beratungsgesprächs oder dieses Workshops erreicht werden soll. Das können konkrete Vereinbarungen sein, eine Sammlung von Ideen, möglicherweise auch nur die Klärung der Ursachen, die zum Problem geführt haben.

In diesem Zusammenhang gleich noch zwei weitere Tipps:

- Machen Sie in jedem Gespräch den Zeitrahmen, der zur Verfügung steht, transparent.
- Visualisieren Sie das Ziel des Beratungsgesprächs auf einem Flipchart mithilfe eines Beamers oder auf dem digitalen Whiteboard.

Gerade die Orientierung über den Zeitrahmen ist wichtig: Wenn Sie wissen, dass für dieses Thema nur 60 Minuten zur Verfügung stehen, werden Sie und auch Ihre Gesprächspartner weniger weit ausholen, und Sie können gegebenenfalls an die Zeit erinnern. Und wenn Sie das Ziel, das am Schluss erreicht werden soll, für alle sichtbar visualisieren, können Sie rechtzeitig wieder Orientierung geben, wenn sich die Diskussion irgendwo verliert.

REALITY (KLÄRUNGSPHASE): Vermutlich kennen Sie die Situation, dass Sie ein Problem schildern und ein Gesprächspartner hat ganz schnell hat eine »Lösung« parat. Was hier fehlt, ist die klare Struktur: »Erst die Klärung, dann die Lösung!« Das bedeutet: Erst wenn die Situation klar ist, wenn man zum Beispiel weiß, welche Faktoren zu diesem Problem geführt haben, wird man passgenaue Lösungen entwickeln können.

Ihre Aufgabe ist hier vor allem, Prozessfragen zu stellen. Diese Fragen können in verschiedene Richtungen zielen.

METHODE: PROZESSFRAGEN FÜR DIE KLÄRUNGSPHASE (REALITY)

Prozessfragen zur Klärung der gegenwärtigen Situation:

- Wie gut ist die Zusammenarbeit im Team (gegebenenfalls als Skalierung zwischen 0 und 100)? – Entsprechend: Wie erfolgreich ist das Projekt? Wie viel Prozent haben wir schon erreicht?
- Was sind Stärken und Schwachstellen?
- Wo genau liegen die Probleme?
- Was meinen Sie, wie sehen Ihre Mitarbeitenden, sieht Ihre Vorgesetzte, sehen Ihre Kunden das Team? (zirkuläre Fragen, in denen nach der Einschätzung anderer Personen gefragt wird)
- Was haben Sie sich bisher überlegt?
- Wie geht es Ihnen damit?

Prozessfragen zur Klärung der Vorgeschichte:

- Wie kam es zu dieser Situation?
- Wie ist die bisherige Entwicklung verlaufen?
- Was haben Sie bisher versucht, um das Problem zu lösen?

Prozessfragen zur Klärung möglicher zukünftiger Szenarien:

- Welche Veränderungen sind möglicherweise zu erwarten?
- Was sind mögliche Chancen und Risiken?
- Was wäre der Worst Case? Was wäre der Best Case?
- Was geschieht, wenn nichts geschieht?

In vielen Fällen erhalten Sie zunächst recht pauschale Antworten: »Wir haben uns durch Corona auseinandergelebt.« Das ist eine Antwort, hinter der eine Fülle von Erfahrungen steckt, die aber nicht konkret ausgesprochen werden, sondern »verdeckt« bleiben. Dann können Sie das gleiche Vorgehen auf einer zweiten Ebene nochmals anwenden und nachfragen »Was heißt auseinandergelebt?«, »Was hat dazu geführt?«. Damit werden die Faktoren deutlich, die zur Situation geführt haben, und dadurch ergeben sich neue Ansatzpunkte, um Lösungen zu finden.

Eine andere Möglichkeit ist, eine konkrete Situation schildern zu lassen, um die dahinterstehenden Erfahrungen zu konkretisieren. Sie können aber auch als Beraterin oder Berater paraphrasieren oder aktiv zuhören. Das heißt, Sie sprechen die möglicherweise dahinterstehenden Empfindungen aus: »Ich höre heraus, es gibt kein Miteinander mehr.« Sie geben damit Ihren Gesprächspartnern einen Anstoß zur weiteren Klärung: »In der Tat, alle arbeiten vor sich hin.« Oder: »Nein, wir haben nach wie vor digitale Treffen, aber ...«

UNSER TIPP

Entscheidend ist in dieser Phase, genau zuzuhören: Hinter welchen Begriffen wird etwas angedeutet, aber nicht ausgesprochen? Fragen Sie dann nach, aber verwenden Sie nach Möglichkeit die gleichen Begriffe wie Ihre Klientinnen und Klienten. Bleiben Sie in deren Sprache. Dann können sie daran anbinden und weiterdenken.

Grundsätzlich ist es möglich, in dieser Phase als Expertin Hinweise zu geben, indem Sie zum Beispiel Hypothesen über mögliche Ursachen formulieren oder immer wiederkehrende Diskussionen im Team als Regelkreis interpretieren. Aber Vorsicht: Solche Erläuterungen oder Hypothesen sind Angebote. Sie als Beraterin müssen nicht recht haben. Ihre Gesprächspartner werden entscheiden, ob sie Ihre Deutung annehmen oder nicht.

OPTIONS (LÖSUNGSPHASE): Eine sorgfältige Klärung der Situation ist die Voraussetzung für neue Lösungen. Wenn deutlich wurde, dass eines der zentralen Probleme des Teams die fehlenden Austauschmöglichkeiten sind und alle nur noch für sich arbeiten, können Sie da ansetzen. Auch hier wird Ihre Aufgabe wieder sein, Fragen zu stellen, die den oder die Klienten anregen, selbst neue Ideen zu entwickeln.

METHODE: PROZESSFRAGEN IN DER LÖSUNGSPHASE (OPTIONS)

- Welche Ideen ergeben sich aus den einzelnen Punkten der Klärungsphase?
- Was wären andere Möglichkeiten?
- Was könnten Sie mehr oder anders machen?
- Was könnte ein erster Schritt sein?

Sie können auf die Erfahrungen aus der Vergangenheit zurückgreifen oder zirkulär fragen:

- Haben Sie eine ähnliche Situation schon einmal bewältigt? Wie sind Sie dabei vorgegangen?
- Was würde Ihre beste Freundin oder Ihr Mentor vorschlagen?

Sie können auch »paradoxe« Fragen stellen:

- Raten Sie einfach, was eine Lösung sein könnte?
- Was können Sie tun, um das Problem zu vergrößern?
- Stellen Sie sich vor, über Nacht ist ein Wunder geschehen, und das Problem ist gelöst: Was ist dann anders? Was hat dazu geführt?

Paradoxe Fragen sind rational nicht einsichtig: Wenn ich keine Lösung weiß, was soll ich raten? Aber Sie werden überrascht sein, denn plötzlich werden doch etliche Ideen genannt. Paradoxe Fragen helfen, Blockaden aufzulösen. Entsprechend gilt: Wenn Ihren Klientinnen und Klienten keine Lösungen einfallen, werden sie möglicherweise Möglichkeiten finden, die Situation noch schlimmer zu machen. Notieren Sie diese Möglichkeiten – und Sie brauchen sie dann nur noch umzukehren.

Sie als Beraterin können ebenfalls Ideen einbringen. Aber seien Sie sich klar: Das sind Ideen und diese müssen nicht für diesen Klienten oder dieses Team passen.

Häufig werden Sie in solchen Situationen zu hören bekommen: »Das haben wir schon versucht.« Hier ist Vorsicht geboten. Verfangen Sie sich nicht in Diskussionen, sondern wenden Sie die bewährte

Brainstormingregel an: Erst Ideen sammeln – und anschließend in einer eigenen Phase bewerten. Dabei können alle durchaus verrückte Ideen einbringen. Auch wenn sie vielleicht nicht umgesetzt werden, sie machen den Kopf frei – bisweilen entstehen daraus neue unkonventionelle Ideen.

Erst im Anschluss an die Ideensammlung kommt die Bewertung. Entscheidend dafür ist die Sicht Ihrer Klientinnen und Klienten beziehungsweise des Teams: Diese kennen die Situation und können damit in der Regel besser einschätzen, was wirkt. Möglicherweise können Sie als Berater Hinweise auf Chancen und Risiken geben. Aber Vorsicht: Sie geben Anregungen und Hinweise, aber Ihr Klient oder Ihre Klientin entscheidet.

UNSER TIPP

- Unterscheiden Sie deutlich zwischen Sammlung von Ideen und Bewertung. Erst Ideen sammeln, ohne sie zu bewerten.
- Hilfreich ist auf jeden Fall, die Ideen zu visualisieren – sei es auf Flipchart, mit Moderationskarten oder Klebezetteln oder auf einem digitalen Whiteboard. Die Ideen sind dann für alle sichtbar – und allein das verändert in vielen Fällen die Situation. Es wird deutlich, dass es hier Handlungsmöglichkeiten gibt.
- Schließlich: Hilfreiche Anregungen für diese Phase finden Sie im Rahmen von Kreativitätstechniken oder Design Thinking, zum Beispiel den »Double Diamond«: möglichst viele Ideen sammeln, dann die besten auswählen, dafür anschließend möglichst viele Ideen zur Umsetzung sammeln und wieder die besten oder leicht realisierbare auswählen.

WHAT NEXT (ABSCHLUSSPHASE): Auch hier erfolgt die Steuerung wieder durch Prozessfragen.

METHODE: PROZESSFRAGEN FÜR DIE ABSCHLUSSPHASE (WHAT NEXT)

- Was nehmen Sie als Ergebnis mit?
- Was sind die nächsten Schritte: Wer tut was mit wem bis wann? Wer ist dafür verantwortlich?
- Was benötigen Sie dafür an Unterstützung?
- Was sollten wir vereinbaren (zum Beispiel einen Folgetermin)?

In einer Einzelberatung sind das Ergebniskontrakte, die die Klientin oder der Klient »mit sich selbst« schließt: »Ich werde …« In einer Teamberatung werden es in der Regel Vereinbarungen im Team sein.

UNSER TIPP FÜR DIE ABSCHLUSSPHASE

Meistens wird am Schluss die Zeit knapp. Egal wie weit Sie im Prozess sind: Achten Sie darauf, dass Sie die letzten zehn bis 15 Minuten für den Abschluss verwenden. Und wenn das Ergebnis ist, dass die Einzelnen nochmals über das Erreichte nachdenken, ein Ergebnis macht den Prozess erst rund.

Wie Sie diese Grundstruktur umsetzen, wird von Fall zu Fall unterschiedlich sein. Das kann in der Einzelberatung zum Beispiel mithilfe der Visualisierung auf einem Flipchart geschehen, das etwa so wie auf der nächsten Seite gestaltet sein kann.

In einer Teamberatung kann das mit Klebezetteln, in einem digitalen Beratungsprozess digital zum Beispiel mit Sticky Notes durchgeführt werden.

Wir werden Ihnen in den folgenden Abschnitten zusätzliche Vorgehensweisen zeigen, die Sie in den einzelnen Phasen nutzen können. Aber die Grundstruktur bleibt immer die gleiche. Und je klarer Ihnen diese Struktur ist, desto mehr wird für alle Beteiligten der rote Faden deutlich.

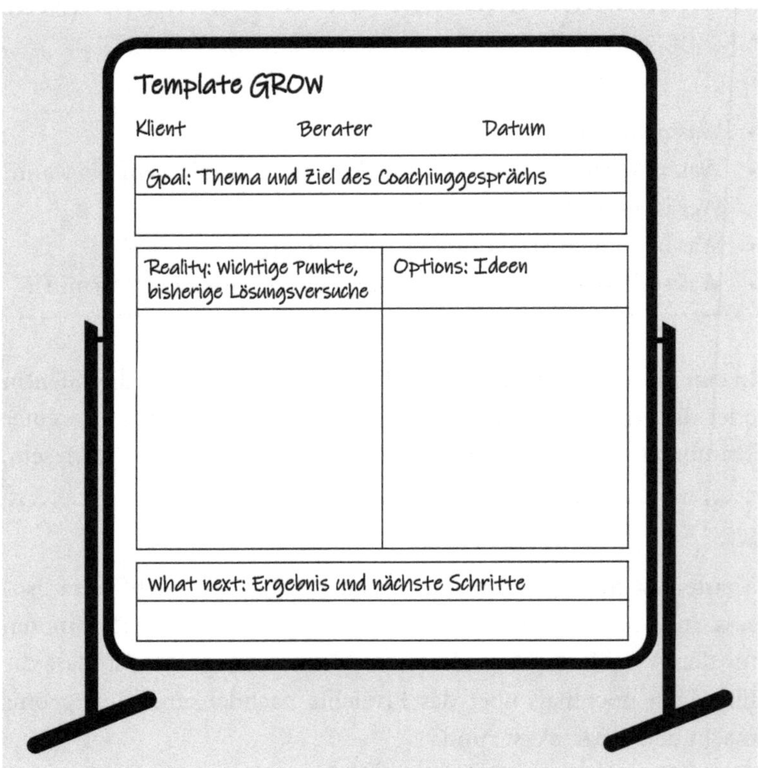

ÜBUNG: ANREGUNG ZUR WEITERARBEIT

Versuchen Sie, diese GROW-Struktur für Ihre Arbeit zu nutzen.

- Als Beobachterin achten Sie zum Beispiel in Ihrer nächsten Teamsitzung auf den Ablauf: Wie ist sie strukturiert? Ist das Ziel jeweils klar – oder wird einfach zu einem Thema drauflosgeredet? Hat das Gespräch ein konkretes Ergebnis?
- Entsprechend in Ihren eigenen Problemlösungsgesprächen (als Führungskraft, Fachexpertin, Beraterin): Versuchen Sie, diese Struktur oder einzelne Elemente davon zu nutzen, zum Beispiel indem Sie Fragen stellen.

LITERATURTIPP

Exemplarisch zur Struktur des Beratungsgesprächs:

- Ehret, K./Klütmann, C./Molter, H./Brüggemann, H (2016): Systemische Beratung in fünf Gängen. 6. Auflage. Göttingen: Vandenhoeck & Ruprecht
- Lindemann, H. (2020): Systemisch-lösungsorientierte Gesprächsführung in Beratung, Coaching, Supervision und Therapie. Göttingen: Vandenhoeck & Ruprecht

Es gibt derzeit eine ganze Reihe Bücher und Kartensets zu Fragen im Beratungs- oder Coachingprozess. Exemplarisch seien genannt:

- Hoch, R. (2016): 400 Fragen für systemische Therapie und Beratung. Weinheim: Beltz
- Hoch, R./Vater, S. (2019): Kartenset Fragetechnik für systemisches Coaching. Weinheim und Basel: Beltz
- Kindl-Beilfuß, C. (2021): Fragen können wie Küsse schmecken. 10. Auflage. Heidelberg: Carl-Auer
- Patrzek, A. (2021): Systemisches Fragen. 3. Auflage. Wiesbaden: Springer

STRUKTUR UND INTUITION: ZWEI SEITEN EINER MEDAILLE

BEISPIEL: METHODE IST NICHT ALLES

Bernd Beier macht gerade seine Ausbildung in systemischer Organisationsberatung. Nun hat er seinen ersten Workshop mit einem externen Kunden. Er hat sich dafür die GROW-Struktur nochmals vergegenwärtigt und legt sie als Zeitplan zugrunde. Nur: Irgendwie passt das nicht. Die Teilnehmenden schweifen ab, er versucht, sie wieder auf Linie zu bringen. Es stockt.

Struktur ist hilfreich – doch sie kann hinderlich sein. Sie ist dann hinderlich, wenn man die Aufmerksamkeit nur noch auf die Struktur richtet und der Kontakt zum Gesprächspartner oder den Teilnehmenden verlorengeht. Wie war das mit dem Tausendfüßler: Als er anfing zu überlegen, wie er die einzelnen Füße bewegen soll, ging gar nichts mehr.

Beratung erfordert neben einer klaren Struktur daher stets Intuition, ein Gespür für die jeweilige Situation. Sie können intuitiv spüren, wenn in der Einzelberatung »zwischen den Zeilen« etwas anklingt oder ob in einem Workshop das Ziel am Schluss der Reality-Phase nochmals korrigiert werden sollte.

Struktur und Intuition sind keine Gegensätze, wie man lange Zeit annahm. Intuition beruht auf Erfahrung. Intuitiv handeln bedeutet, dass eine Situation auf dem Hintergrund Ihrer Erfahrungen unbewusst abgecheckt wird und Sie dann, ohne zu überlegen, spüren: So muss ich vorgehen.

Das Gleiche gilt für Beratung. Es sind Ihre Erfahrungen, die es Ihnen ermöglichen, intuitiv zu entscheiden. Daraus ergeben sich folgende Schritte:

- Machen Sie sich selbst die verschiedenen Methoden (zum Beispiel die GROW-Struktur) bewusst und üben Sie sie. Das klingt paradox, ist es aber nicht. Intuitiv handeln bedeutet, die Methoden zu beherrschen. Je klarer Sie selbst in der Struktur sind, desto leichter können Sie die Struktur variieren und an die jeweilige Situation anpassen.
- Planen Sie in Alternativen. Das ist ein wichtiger Grundsatz. Wenn Sie zum Beispiel für einen Workshop nur einen Ablauf geplant haben, sind Sie leicht in der Struktur gefangen. Überlegen Sie sich im Vorfeld Alternativen: Wenn die arbeitsteilige Gruppenarbeit nicht passt, wäre eine Alternative, im Plenum mit Klebezetteln Ideen sammeln zu lassen. Wenn die Teilnehmenden träge auf ihren Stühlen sitzen, passt vielleicht eine Aufstellung.

- Üben Sie den flexiblen Umgang mit verschiedenen Methoden. Probieren Sie verschiedene Vorgehensweisen und Prozessfragen aus. Sie bekommen dann ein Gefühl dafür, welches Vorgehen für die jeweilige Situation – und auch für Sie – passt.
- Vor Beginn der Beratung machen Sie sich nochmals die Grundstruktur deutlich. Sie speichern sie damit für sich und müssen im Verlauf nicht fortwährend überlegen: Welche Frage wollte ich hier stellen?
- Dann gilt: vom rationalen Denken zum emotionalen, intuitiven Denken umschalten. Besinnen Sie sich auf sich und Ihre Haltung und nehmen Sie Kontakt zu den Beteiligten auf.
- Während des Beratungsprozesses gilt: Folgen Sie Ihrer Intuition! Sie ist ein hervorragendes Signalsystem. Sie werden ein Gefühl dafür bekommen, ob Sie den Teilnehmenden jetzt noch etwas Zeit geben sollten oder die Diskussion unterbrechen.
- Schließlich: Wenn Ihnen unklar ist, wie Sie fortfahren sollen, fragen Sie Ihr Gegenüber beziehungsweise die Teilnehmenden. Sie sind die besten Co-Moderatoren, die Sie haben können, denn sie wissen, was sie benötigen. Möglicherweise können Sie zwei Alternativen zur Wahl stellen und auf die emotionalen Signale achten, die Sie als Antwort bekommen. Sie können es an den Gesichtern lesen, ob ein Vorgehen passt oder nicht – und oft geschieht es, dass wir, während wir den Teilnehmenden zwei verschiedene Vorgehensweisen vorschlagen, selbst ein emotionales Signal erhalten: Das ist der richtige Weg.

THEORETISCHER HINTERGRUND UND LITERATUR

Rationales und emotionales, intuitives Denken galten lange Zeit als Gegensätze, wobei man den Primat im rationalen Denken sah: Um erfolgreich zu handeln, so die dahinterstehende These, müssen wir die Fakten analysieren und rational entscheiden.

Die neueren Untersuchungen im Kontext der Neurobiologie haben aber diese Auffassung ins Wanken gebracht. Daniel Kahneman in seinem Buch »Schnelles Denken, langsames Denken« (2019) oder Gerd Gigerenzer im Buch »Bauchentscheidungen« (2021) führen zahlreiche Beispiele auf, in denen das intuitive, emotional gesteuerte Denken dem rationalen Denken überlegen ist.

Vermutlich sind es zwei Konzepte, die den Erfolg intuitiven Vorgehens erklären können:

- Das Konzept der Spiegelneuronen im Anschluss an Giacomo Rizzolatti, das besagt, dass wir intuitiv die Empfindungen des Gegenübers wahrnehmen: Nervenzellen im Gehirn zeigen beim Beobachten eines Vorgangs das gleiche Aktivitätsmuster wie bei dessen eigener Ausführung.
- Das Konzept der somatischen Marker von Antonio Damasio. Somatische Marker sind die emotionalen Signale auf der Basis unseres Erfahrungswissens, die uns »Stopp« oder »Go« signalisieren.

In eine ähnliche Richtung zielt das Konzept der Resonanz von Hartmut Rosa (2021), das besagt, dass wir nur dann erfolgreich handeln können, wenn wir in »Resonanz« zur Umwelt und zu anderen Menschen sind.

LITERATUR

Grundlegend sind zu diesem Themenkomplex immer noch die Bücher von Gigerenzer und Kahneman:

- Gigerenzer, G. (2021): Bauchentscheidungen. München: Pantheon
- Kahneman, D. (2019): Schnelles Denken, langsames Denken. 25. Auflage. München: Siedler
- Rosa, H. (2021): Resonanz. Eine Soziologie der Weltbeziehung. 5. Auflage. Berlin: Suhrkamp
- Storch, M. (2018): Das Geheimnis kluger Entscheidungen. 11. Auflage. München: Piper

GROW AGIL: DIE ARBEIT IN SPRINTS UND ZYKLEN

Bis vor Kurzem war es üblich, für größere Vorhaben und damit auch für größere Beratungsprojekte einen genauen Zeitplan über den gesamten Zeitraum zu erstellen. Aber: Solche Zeitpläne wurden fast nie eingehalten. Immer kam etwas dazwischen, änderten sich die Rahmenvorgaben, der Plan musste umgeworfen werden. Das Schlagwort hierfür ist VUKA als Kennzeichen einer Welt, die volatil, unsicher, komplex und mehrdeutig (ambigue) ist (Johansen/Euchner 2013).

INFO: VUKA

- *Volatil (Volatility):* Innerhalb kurzer Zeit treten gravierende Veränderungen auf.
- *Unsicher (Uncertainty):* Ereignisse sind zunehmend weniger vorhersagbar, langfristiges Planen wird zunehmend schwierig.
- *Komplex (Complexity):* Zahlreiche Faktoren wirken aufeinander.
- *Ambigue oder mehrdeutig (Ambiguity):* Die Situation wird unterschiedlich gedeutet, klare Ursache-Wirkungs-Zusammenhänge sind nicht mehr erfassbar.

Die Corona-Pandemie ist nur eines der Beispiele für VUKA: plötzliche Veränderungen, zahlreiche Faktoren, die aufeinander wirken, die Situation ist zunehmend weniger durchschaubar, man weiß nicht, wie sie sich entwickeln wird. VUKA können aber auch zahlreiche andere Situationen sein: Ein Unternehmen wird verkauft, eine neue Vorgesetzte übernimmt den Bereich.

VUKA zeigt die Grenzen langfristiger Planung auf. Die Alternative ist ein adaptives Vorgehen, ein Planen in kürzeren Zeitabschnitten, wobei am Ende eines jeden Abschnitts der nächste Abschnitt geplant wird.

Es gibt mittlerweile eine Reihe von Konzepten, in denen iterativ gearbeitet wird. Zwei seien hier erwähnt:

- Im agilen Projektmanagement ist das Vorgehen in einzelne »*Sprints*« gegliedert, das sind kürzere Zeitabschnitte von einer bis vier Wochen. Im »Sprint Planning« wird festgelegt, was im Sprint erreicht werden soll. Am Schluss des Sprints wird auf der Basis von Review (Bewertung der erreichten Ergebnisse) und Retrospektive (Bewertung des Prozesses) der nächste Sprint geplant.
- Auch OKR (Objectives – Key Results) arbeitet mit Zyklen von begrenzter Dauer, allerdings in der Regel eher drei bis sechs Monate. Für jeweils einen Zyklus werden Ziele festgelegt, die hier jedoch als qualitative, emotional motivierende Ziele formuliert werden, sowie Key Results, messbare Meilensteine, die erreicht werden müssen, um das Objective zu erreichen.

Soziale Systeme, so hatten wir im Eingangskapitel festgestellt, entwickeln sich. Doch Entwicklung verläuft nicht geradlinig, sondern immer in Brüchen: Es treten neue Veränderungen ein – und ein soziales System muss darauf reagieren.

Das bedeutet, dass systemische Organisationsberatung ebenfalls kein linearer Prozess ist, sondern dass immer zwischenzeitliche Veränderungen zu berücksichtigen sind. Daraus ergibt sich ein »agil-systemisches« Konzept. Das erfordert ein adaptives Vorgehen, bei dem der Beratungsprozess in kleinere Phasen gegliedert ist.

INFO: GRUNDSÄTZE DER SYSTEMISCHEN ORGANISATIONSBERATUNG ALS ADAPTIVES VORGEHEN

- Gliederung des Beratungsprozesses in einzelne Phasen (»Sprints«) mit begrenztem Zeitrahmen.
- Jeder Sprint beginnt mit einer Orientierungsphase (Festlegung der nächsten Ziele) und schließt mit einer Evaluation des Ergebnisses (»Review«) und des Prozesses (»Retrospektive«) ab.
- Auf dieser Basis werden die Schwerpunkte und Ziele für den nächsten Sprint festgelegt.

Dieses iterative und adaptive Vorgehen lässt sich auf unterschiedlichen Ebenen anwenden:

- Bereits das einzelne Beratungsgespräch ist ein adaptiver Prozess. Es wird das Ziel des Beratungsgesprächs festgelegt. Es folgt eine Klärungsphase, in der sich jedoch zeigt, dass das Ziel des Beratungsgesprächs zu ändern ist. Möglicherweise stellt man aber fest, dass nach der Klärungsphase die Zeit nahezu abgelaufen ist. Dann wechselt die Beratung unmittelbar in die Abschlussphase: »Was nehmen Sie als Ergebnis mit? Was sind die nächsten Schritte?«
- Die Durchführung eines Workshops lässt sich ebenfalls in verschiedene kurze Sprints gliedern: Auftragsklärung, Vorgespräche (als Diagnosephase), Vorbereitung des Workshops und abschließende Evaluation des Erreichten (sei es zum Schluss des Workshops oder in einem späteren Nachgespräch).
- Auch komplexere Beratungsprozesse lassen sich entsprechend in einzelne Sprints gliedern. Hier dazu ein konkretes Beispiel:

BEISPIEL: BERATUNGSPROZESS IN ZYKLEN

- *Auftragsklärung (1 Tag):* Volker, systemischer Organisationsberater, erhält einen Anruf von Herrn Ziegler, Bereichsleiter in einem größeren IT-Unternehmen: »Meine Mitarbeitenden sind nicht motiviert. Wir müssen Veränderungen angehen – aber keiner zieht mit.« Der Berater schlägt vor, zunächst Interviews mit ausgewählten Mitarbeitenden und Führungskräften durchzuführen, um herauszufinden, woran das liegt. Vereinbart werden zwölf Interviews.
- *Diagnosephase (3 Tage):* Es werden Interviews durchgeführt, in denen Stärken und Schwächen des Teams erhoben werden. Die Ergebnisse werden ausgewertet und zurückgespiegelt. Eines der zentralen Ergebnisse der Diagnose ist, dass Probleme in der Person des Bereichsleiters gesehen werden: Er wird als kritisch und abwertend wahrgenommen – obwohl er sich selbst völlig anders sieht.

- *Neue Auftragsklärung:* Unmittelbar im Anschluss daran schlägt Volker, der Berater, zunächst einen Coachingprozess mit Herrn Ziegler vor. Vereinbart werden vier Coachingtermine.
- *Durchführung:* Die vier Coachingtermine werden durchgeführt, wobei es insbesondere um das Verhältnis von Selbst- und Fremdbild geht.
- Auf dieser Basis erfolgt die nächste *Auftragsklärung:* Das weitere Vorgehen wird besprochen. Nachdem in den Interviews die kritische Haltung der Führungskräfte betont wurde, wird eine Workshop-Reihe »Positive Leadership« vereinbart.

Wie Sie dieses iterative Vorgehen umsetzen, wird von Fall zu Fall unterschiedlich sein. Entscheidend ist in jedem Fall ein Vorgehen, bei dem der Ablauf nicht starr geplant ist, sondern adaptiv jeweils an die Ergebnisse der vorherigen Phase angepasst wird.

LITERATURTIPP

Einführungen mit praktischen Anregungen zu den agilen Konzepten finden sie zum Beispiel bei:

- Hofert, S. (2021): Agiler führen. Wiesbaden: Springer Gabler
- Nowotny, V. (2016): Agile Unternehmen. Göttingen: Business-Village
- Oestereich, B./Schröder, C. (2020): Agile Organisationsentwicklung. München: Vahlen

Goal: Die Startphase des Beratungsprozesses

BEISPIEL: VIELLEICHT EIN NEUER AUFTRAG?

Bleiben wir bei dem Beratungsprojekt von Barbara, Jens und Ute. Wie hat eigentlich alles angefangen?

Eines Tages findet Barbara folgende Mail in ihrem Posteingang: »Guten Tag, Frau Keller. Ein Kollege hat Sie uns als Organisationsberatung empfohlen. Wir, die Firma Wagner, sind ein Dienstleistungsunternehmen und in den letzten Jahren auf 220 Mitarbeiterinnen und Mitarbeiter gewachsen. Wir wollen weiterwachsen. Bislang lief bei uns viel auf Zuruf – aber jetzt müssen wir uns anders aufstellen. Können Sie uns dabei unterstützen? Mit freundlichen Grüßen Hans Kolbe, Personalleiter«.

Das klingt toll, findet unser Beratungsteam – doch wie gehen wir das an? Was können wir anbieten?

Jetzt am Schreibtisch ein fertiges Konzept zu entwickeln ist nicht das ideale Vorgehen von Barbara, Jens und Ute als systemischer Beratungsfirma. Zunächst ist genauer zu klären, was die Organisation will oder braucht. Erst danach macht es Sinn, ein mögliches Konzept zu entwickeln, und es vorzustellen. Daraus ergeben sich folgende Hauptschritte der Goalphase im Beratungsprozess:

- Im ersten Schritt geht es darum, den Kunden und seine Erwartungen genauer zu verstehen.
- Im Blick darauf wird ein Konzept entwickelt.
- Wichtig ist, sich persönlich und die Vorstellungen des Kunden genauer kennenzulernen und ein mögliches Vorgehen darzustellen.
- Auf dieser Basis können die drei dann schließlich zur Auftragsklärung gelangen.

DER KUNDE, DAS UNBEKANNTE WESEN

Ganz allgemein formuliert: Ein Kunde fragt Beratung an, wenn er ein Problem zu lösen hat und dafür Unterstützung sucht. Er wird den Auftrag erteilen, wenn er meint, dass die Beraterin ihn dabei unterstützen kann. Doch was genau ist das Problem des Kunden? Geht es ihm darum, neue Strukturen einzuführen? Wird ein anderes Verständnis von Führung benötigt? Das alles sind Fragen, die sich hier stellen. Die erste Aufgabe beim Start des Beratungsprozesses ist daher, sich ein Bild vom Kunden zu machen.

Nun weiß in unserem Beispiel Barbara recht wenig vom Kunden. Trotzdem gibt es Möglichkeiten:

- Die naheliegendste Möglichkeit ist das Internet. Barbara findet hier eine ganze Menge über Produkte, Kunden, vielleicht auch einiges über das Selbstverständnis der Firma Wagner. Aber Vorsicht: Die Internetpräsenz sagt nichts darüber aus, wie das Unternehmen tatsächlich tickt, sondern gibt Auskunft, wie es sich gegenüber anderen darstellen möchte.
- Eine zweite Möglichkeit ist ein Telefongespräch – meistens ist das der erste Kontakt. Hier kann Barbara Fragen stellen und sich einen ersten Eindruck verschaffen.
- Vielleicht hat Barbara zu jemanden Kontakt, der das Unternehmen Wagner kennt.

Aber das ist nicht alles. Barbara benötigt unbedingt neben rationalen Informationen auch ein »Gefühl« für den Kunden. Ein Gefühl für eine andere Person oder eine Organisation zu bekommen, ist kein rationaler Prozess, sondern zahlreiche Eindrücke werden emotional gespeichert und verdichten sich zu einem Bild. Dafür gibt es unterschiedliche Möglichkeiten:

- Eine erste Möglichkeit ist die sogenannte »teilnehmende Beobachtung«. Das bedeutet: Barbara nimmt sich Zeit, zur Firma Wagner zu fahren und die Eindrücke auf sich wirken zu lassen.

Wie sind die Gebäude gestaltet? Wie wirken die Mitarbeiterinnen und Mitarbeiter, die hier arbeiten? Wirken Sie eher leger, lachen sie – oder ist es eine verklemmte Atmosphäre?

- Die zweite Möglichkeit ist, sich in die Position des Kunden zu versetzen. Stellen Sie sich vor, Sie arbeiten in einer Organisation, die früher 30 Mitarbeitende hatte. Nun aber sind es 220. Mit welchen Herausforderungen sieht sich diese Organisation konfrontiert? Sicherlich muss Arbeit jetzt anders organisiert werden, eine neue Struktur und klare Verantwortlichkeiten sind notwendig (früher konnte man sich auf kurzem Weg abstimmen), vielleicht ist ein neues Führungsverständnis sinnvoll.

UNSER TIPP

Gerade Anfänger tendieren dazu, die Aufmerksamkeit zu schnell auf mögliche Inhalte ihres Beratungskonzepts zu richten. Doch vor allen inhaltlichen Überlegungen gilt: Nehmen Sie sich Zeit, sich in die Situation Ihrer Kundinnen und Kunden hineinzuversetzen.

Übrigens: Sie können das gleiche Vorgehen in anderen Situationen gleichermaßen nutzen. Wenn Sie zum Beispiel ein Stellenangebot in einer neuen Organisation erhalten oder wenn Sie als Führungskraft ein neues Team übernehmen, dann benötigen Sie ebenfalls ein Gefühl dafür – es wird Ihnen die Entscheidung erleichtern.

DAS EIGENE KONZEPT

Wenn Sie sich in die Rolle von Herrn Kolbe versetzen, können Sie sich sicherlich seine Erwartungen vorstellen: Er will wissen, ob die Beraterinnen und der Berater etwas können, ob das Konzept plausibel ist – und ob die »Chemie« stimmt. Was können unsere drei Berater nun anbieten? Vielleicht nehmen Sie sich selbst ein paar Minuten

Zeit und überlegen, was Sie selbst anbieten würden. Es gibt ein paar relativ einfache Grundsätze, die Sie hier nutzen können.

UNSER TIPP

- Bieten Sie nicht gleich einen Mammutprozess an (es sei denn, es ist eine Ausschreibung für einen Gesamtprozess), sondern eher Teilangebote.
- Überlegen Sie, was das Besondere Ihres Ansatzes, Ihre Unique Selling Proposition (USP) ist, wodurch Sie sich von anderen Anbietern abheben.
- Machen Sie Erfahrungen deutlich, die Sie mit solchen Themen gehabt haben – und wenn es im Rahmen Ihrer Ausbildung ist.
- Schließlich: Überlegen Sie sich vielleicht zwei unterschiedliche Ansätze, über die Sie dann diskutieren können.

Der nächste Schritt ist dann ein Erstgespräch mit dem Kunden, wo in der Regel der Kunde sein Anliegen schildert und Sie Ihre Überlegungen zum Vorgehen einbringen Welchen Nutzen hat der Kunde, wenn er Sie beauftragt? Welche Argumente können Sie einbringen?

Doch das ist nur der inhaltliche, rationale Aspekt: Auf dem Hintergrund der neurobiologischen Forschung der letzten 20 Jahre wissen wir, dass Menschen eben nicht nur rationale, sondern auch emotionale Wesen sind. Entscheidungen, so das Ergebnis, werden häufig nicht rational, sondern emotional getroffen.

Doch wie können Sie sich auf diese emotionale Ebene vorbereiten? Die emotionale Ebene ist nicht rational steuerbar, sondern wird über die eigene Einstellung geleitet. Ob Sie »wirklich« etwas können, ob Sie wirklich für diesen Auftrag begeistert sind, all das wird Ihr Gegenüber emotional wahrnehmen – und das wird in seine Entscheidung mit hineinfließen.

Das können Sie nicht methodisch-technisch steuern, aber Sie können sich in der Vorbereitung Ihrer Einstellung bewusst werden.

METHODE: DIE VORBEREITUNG AUF DER EMOTIONALEN EBENE

- Erinnern Sie sich an eine Situation, in der Sie als Beraterin oder Berater wirklich erfolgreich waren. Das kann auch ein gutes Beratungsgespräch sein, das Sie während Ihrer Ausbildung oder im privaten Bereich geführt haben. Machen Sie sich diese Situation bewusst: Was für eine Situation war das? Welches Gefühl haben Sie, wenn Sie sich zurückerinnern?
- Suchen Sie sich ein Bild dafür, was Sie an Beratung begeistert.
- Sie können ein Motto oder einige Leitsätze für sich formulieren, zum Beispiel: »Systemische Organisationsberatung bedeutet für mich, Menschen und Organisationen in ihrer Entwicklung zu unterstützen.« Wichtig: Es muss Ihr Leitsatz sein. Er muss zu Ihnen passen und Sie emotional ansprechen und begeistern.

Was Sie hier tun, ist, Ihr Handeln auf der Basis eines Symbols emotional zu steuern – wir kommen später nochmals darauf zurück (s. S. 183 f.). Sich die eigene Begeisterung bewusst machen, dass Sie für das Thema brennen und sich darauf freuen, mit dem Kunden zu arbeiten, sind wichtige Erfolgsfaktoren. Auf der anderen Seite: Wenn Ihnen bewusst wird, dass Sie im Grunde gar nicht mit dem Kunden und diesem Thema arbeiten möchten, lassen Sie die Finger davon. Es sind emotionale Signale (die sogenannten somatischen Marker), die Sie hier wahrnehmen – und es tut gut, sie zu beachten.

DAS AKQUISEGESPRÄCH

BEISPIEL: EIN BERATUNGSAUFTRAG WINKT

Nun ist es so weit: Barbara und Jens haben eine Einladung zu einem Gespräch mit Herrn Kolbe, dem Personalleiter, und Frau Streck, der Geschäftsführerin. Aufgeregt sind sie schon: Wie wird es sein?

Eines ist den beiden klar: Dieses erste Gespräch ist kein Beratungsgespräch – sie haben überhaupt noch keinen Auftrag. Sondern es ist ein Akquisegespräch, in dem man sich kennenlernt und das weitere Vorgehen festlegt. Daraus ergeben sich folgende Ziele für das Gespräch. Es geht darum,

- sich wechselseitig kennenzulernen,
- weitere Informationen über das Unternehmen zu erhalten,
- das eigene Konzept vorzustellen und
- die nächsten Schritte festzulegen.

Zur Strukturierung dieses Gesprächs können Sie wieder die GROW-Struktur verwenden.

METHODE: STRUKTUR DES AKQUISEGESPRÄCHS

Goal (Orientierungsphase):

- Auch hier ist der Ausgangspunkt, sich die eigene Einstellung (nochmals) bewusst zu machen, zum Beispiel »Wir freuen uns, hier zu sein, und würden uns freuen, Sie unterstützen zu können.«
- Der Aufbau des Kontakts erfolgt zu einem großen Teil nonverbal. Nehmen Sie sich Zeit, Blickkontakt zu Ihren Gesprächspartnern aufzunehmen und Ihre Sitzposition auszurichten. Achten Sie dabei auf Ihr Gefühl, Sie werden spüren, wenn es stimmig ist.
- In der Regel beginnt ein solches Gespräch mit einer Vorstellrunde. Aber Vorsicht: Wenn Sie bloße Fakten erzählen wie zum Beispiel »Barbara Keller, 32 Jahre, Studium der Wirtschaftspsychologie, seit vier Jahren selbstständige Beraterin«, dann sagt das wenig über Ihre Person. Versuchen Sie, als Person sichtbar zu werden: Was ist Ihnen wichtig? Vielleicht können Sie das anhand einer kleinen Geschichte verdeutlichen. Geschichten sprechen die emotionale Ebene an. Sie werden so als Person erlebbar.
- Dann gilt es, Thema und Ziel des Gesprächs festzulegen. Häufig wird das Ihr Gesprächspartner tun – aber Sie können ergänzen

oder selbst das Vorgehen vorschlagen. Ziel ist, sich kennenzulernen, das Beratungskonzept vorzustellen und abzuklären, ob es Sinn macht, gemeinsam weiterzuarbeiten.
- Wichtig ist es zudem, den Zeitrahmen abzuklären. Wie viel Zeit steht zur Verfügung?

Reality (Klärungsphase)
- In den meisten Fällen beginnen die Gesprächspartner, indem sie über die Organisation berichten. Ihre Aufgabe ist hier: zuhören. Achten Sie auf die Themen, die anklingen. Fragen Sie nach, wenn etwas angedeutet wird. Achten Sie auf die Begriffe, die Ihre Gesprächspartner verwenden – wenn Ihr Gesprächspartner häufiger betont, dass der »Mindset« der Mitarbeiter sich ändern muss, dann wissen Sie, dass das für ihn ein zentrales Thema ist.
- Möglicherweise ist das die Gelegenheit, Ihr Beratungskonzept vorzustellen (oder Sie verknüpfen es gleich mit Ideen, wie Sie das Beratungsthema angehen würden). Vielleicht können Sie Ihr Vorgehen anhand eines Beispiels verdeutlichen. Vor allem: Seien Sie authentisch. Täuschen Sie nicht Erfahrungen vor, die Sie nicht haben.

Options (Lösungsphase): Hier können Sie Ihre Ideen und mögliche Vorgehensweisen darstellen: Wie würden Sie das Thema möglicherweise angehen? Was sind weitere alternative Vorgehensweisen?
- Vielleicht können Sie zwei verschiedene Möglichkeiten vorstellen.
- Lassen Sie Ihren Gesprächspartnern Zeit, das Gesagte zu verarbeiten. Vermutlich werden Fragen kommen.
- Systemische Beratung bedeutet, das Konzept zusammen mit dem System (dem Kunden) zu erarbeiten. Wir betonen gern, dass Beratung ein Coworking ist. Von daher: Seien Sie offen für Anregungen, versuchen Sie, diese aufzugreifen und vielleicht weiterzuführen. Aber achten Sie auf Ihr Gefühl: Können Sie als Beraterin oder Berater sich darauf einlassen?

What next (Abschlussphase): Wenn Sie zum Abschluss hören, wir werden auf Sie zukommen, so kann das alles oder nichts bedeuten. Versuchen Sie, eine konkretere Vereinbarung zu erhalten: Sie reichen ein schriftliches Angebot ein oder Sie melden sich – oder Sie haken nach einiger Zeit nach, wenn Sie nichts hören.

AUFTRAGSKLÄRUNG

BEISPIEL: ES HAT GEKLAPPT

Barbara, Ute und Jens haben den Auftrag bekommen. Doch jetzt geht es darum, den Auftrag zu präzisieren: Was soll am Ende das Ergebnis sein? Woran lässt sich feststellen, dass die Beratung erfolgreich war? Wie gehen wir vor?

Auftragsklärung ist einer der wichtigsten Punkte: Hier werden Ziel und Richtung festgelegt; hier wird aber auch festgelegt, woran der Beratungsprozess gemessen werden soll: Was sind die Kriterien, anhand derer Erfolg oder Misserfolg gemessen werden soll. Darüber hinaus sind werden weitere Rahmenbedingungen festzulegen, die zu beachten sind. Im Einzelnen:

ZIELE UND INDIKATOREN: In unserem Beispiel: Das ursprüngliche Ziel, sich für die Zukunft gut aufzustellen, ist noch zu unscharf. Es ist zu konkretisieren:

METHODE: PROZESSFRAGEN ZUR ZIELVEREINBARUNG

- Was genau soll am Ende des Beratungsprozesses erreicht sein?
- Was sind die Indikatoren, das heißt die messbaren Daten, anhand derer sich feststellen lässt, ob die Ziele erreicht sind.

Hier als Beispiel die Zielvereinbarung im Beratungsprojekt Wagner:

ZIELE	INDIKATOREN
Wir arbeiten in selbstorganisierten Teams.	Selbstorganisierte Teams sind eingeführt.
Es gibt eine neue flachere Struktur.	Das neue Organigramm wurde erstellt und kann von allen eingesehen werden.
Ein neues Führungsverständnis ist implementiert und wird gelebt.	Ein Führungsleitbild liegt vor. Die Ergebnisse der Mitarbeiterbefragung wurden zusammengefasst und ausgewertet.
Wir sind erfolgreich auf dem Markt.	Der Umsatz und das Ergebnis stimmen.
Die Angestellten arbeiten gern bei Wagner.	Die Ergebnisse der Mitarbeiterbefragung zeigen die Zufriedenheit. Die Fluktuation (als Indikator für Unzufriedenheit) ist gering.

MEILENSTEINE UND MASSNAHMEN: Das übliche Vorgehen bei Projekten ist, dass man im Blick auf die Ziele einen Projektstrukturplan (in diesem Fall für das gesamte Beratungsprojekt) erstellt, in dem die Meilensteine, die jeweiligen Maßnahmen und der Zeitrahmen festgelegt sind.

Doch wir leben in einer VUKA-Welt, die durch Ungewissheit gekennzeichnet ist und in der sich im Verlauf immer wieder Veränderungen ergeben.

Die Alternative ist ein adaptives Vorgehen, wie wir es im Kapitel über die Grundstruktur des Beratungsprozesses vorgestellt haben (s. S. 44 f.). Das bedeutet, lediglich eine erste Phase zu planen und erst anschließend den nächsten Sprint oder den nächsten OKR-Zyklus festzulegen – also zum Beispiel erst eine Diagnosephase durchzuführen.

WEITERE VEREINBARUNGEN: Hierzu folgen auf der nächsten Seite die wichtigen Punkte als Übersicht.

METHODE: WEITERE VEREINBARUNGEN IM RAHMEN DER AUFTRAGSKLÄRUNG

- *Auftraggeber und Berater:* Wer fungiert als Auftraggeber? Welche Beraterinnen und Berater sind vorgesehen?
- *Thema des Beratungsprozesses:* Gibt es eine Projektbezeichnung, die deutlich macht, worum es geht und möglicherweise auch ansprechend ist?
- *Zeitrahmen:* Wann soll der Beratungsprozess starten, wann soll er abgeschlossen sein? Werden jetzt schon Meilensteine (oder zumindest der erste Meilenstein) angesetzt?
- *Umfang der Maßnahme:* In der Regel werden hier Tage angesetzt und die Kosten je Person und Tag vereinbart.
- *Sonstige Vereinbarungen:* Das können zum Beispiel die Einbeziehung des Betriebs- oder Personalrats sein, aber auch die Einbeziehung weiterer interner Stellen oder bestimmte Rahmenvorgaben.

Wie die Auftragsklärung durchgeführt wird, ist sicherlich von Fall zu Fall unterschiedlich. Das kann ein aufwendiges schriftliches Angebot sein, das kann sich aber auch auf ein Gespräch mit dem Auftraggeber beschränken.

LITERATURTIPP

Es existiert zahlreiche Literatur zum Thema Akquise, auch eine Reihe über Akquise von Beratung. Hier einige Anregungen:

- Helmut, H. (2019): Verkaufen für Freiberufler. Wiesbaden: Springer
- Kuntz, B. (2014): Die Katze im Sack verkaufen. 4. Auflage. Bonn: managerSeminare

Das Wissen der Organisation erfassen: die Diagnosephase im Beratungsprozess

GRUNDSÄTZE

WAS WEISS DIE ORGANISATION?

Gehen wir wieder auf das Eingangsbeispiel des vorigen Kapitels zurück: Barbara, Jens und Ute haben den Auftrag, eine Organisationsdiagnose durchzuführen. Sie überlegen sich das Vorgehen: Sollen wir einen Fragebogen nehmen, Workshops oder Interviews durchführen – oder?

Systemische Organisationsberatung ist keine Beratung von außen, sondern nutzt das Wissen der Organisation: »Wenn die Organisation wüsste, was sie alles weiß, könnte sie weitaus erfolgreicher sein.« Doch wie gelingt es, das Wissen erfassen? Das Grundprinzip ist ganz einfach: *Stellen Sie Fragen!* Wie sehen die Mitarbeitenden ihre Organisation? Wo sehen sie Stärken und Schwächen? Wo sehen sie die Ursache für Probleme? Aber auch: Welche Ideen haben sie zum weiteren Vorgehen? Doch welche Fragen sind geeignet?

- Je enger die Fragen gestellt werden, desto mehr sind sie von der Perspektive der Beobachtenden beeinflusst und desto weniger wird die Perspektive des sozialen Systems erfasst. Wenn ich beispielsweise frage »Gibt es in Ihrem Team regelmäßige Stand-ups?«, dann setze ich voraus, dass Stand-ups ein Thema sind. Das mag bei einer Einführung von agilem Arbeiten sinnvoll sein, blendet aber zugleich andere Aspekte aus. Wenn ich demgegenüber frage »Wie läuft die Kommunikation in Ihrem Team?«, eröffne ich die Möglichkeit, dass die Gesprächspartnerin das sagen kann, was ihr wichtig ist.

- Systemische Organisationsdiagnose bedeutet, unterschiedliche Perspektiven zu erfassen. Ein Mitarbeiter im Lager sieht Probleme, die zum Beispiel die Geschäftsführerin überhaupt nicht erkennt. Andererseits erkennt die Geschäftsführerin Probleme, die dem Lagermitarbeiter verborgen sind. Das Wissen der Organisation zu erfassen, bedeutet, die verschiedenen Perspektiven zusammenzutragen – erst dann ergibt sich ein umfassendes Bild:

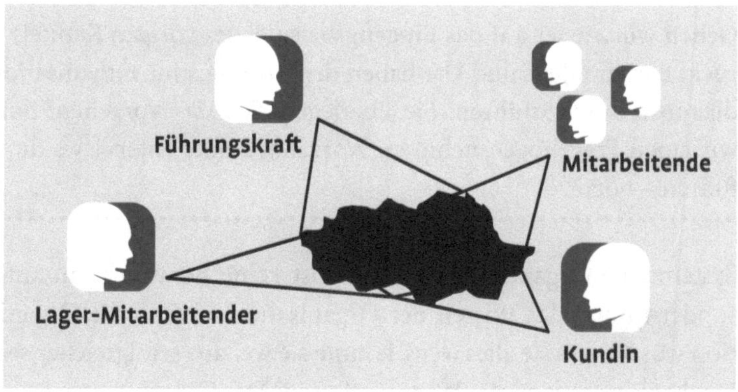

- Das Wissen der Organisation ist teilweise verdecktes Wissen. Stellen Sie sich vor, Ihr Gesprächspartner erzählt: »Im Team gibt es Spannungen.« Dann wissen Sie vergleichsweise wenig: Zwischen wem bestehen die Spannungen? Wie drücken sie sich aus? Was führt zu diesen Spannungen? Was sollte getan werden? Von daher gilt: Hören Sie genau zu: Wo wird etwas angedeutet, aber nicht ausgesprochen? Wo klingt etwas an? Und fragen Sie hier nach!

Daraus ergeben sich die folgenden Grundsätze.

METHODE: GRUNDSÄTZE SYSTEMISCHER ORGANISATIONSDIAGNOSE

Versuchen Sie, die unterschiedlichen Perspektiven des sozialen Systems zu erfassen! Überlegen Sie, welche unterschiedlichen Perspektiven (Vorgesetzte, Mitarbeitende, andere Abteilungen, Kunden, Fachexperten) zu diesem Thema etwas sagen können.

Stellen Sie offene Fragen, die Ihren Gesprächspartnern die Möglichkeit bieten, das zu sagen, was ihnen wichtig ist. Fragen Sie nach, wenn etwas »unter der Oberfläche« anklingt! Wie im Beratungsgespräch können Sie hier unterschiedliche Fragerichtungen nutzen:

Fragen Richtung Gegenwart

- Was sind (gegenwärtig) Stärken und Schwachstellen der Organisation?
- Was ist erreicht, was nicht?
- Wo liegen die Probleme?

Fragen Richtung Vergangenheit

- Welche Faktoren haben zur gegenwärtigen Situation (den gegenwärtigen Problemen oder den gegenwärtigen Erfolgen) geführt?
- Was wurde bisher versucht, um die Probleme zu lösen? – Dabei können die bisherigen Lösungsversuche ohne Erfolg gewesen sein, aber trotzdem Ansätze für zukünftige Lösungen liefern.
- Was sind die Ressourcen, die der Organisation in der Vergangenheit geholfen haben, Probleme zu lösen, Herausforderungen zu bewältigen oder Erfolge zu erzielen?

Fragen Richtung Zukunft

- Was sind mögliche Szenarien für die weitere Entwicklung? Was ist der Worst Case? Was ist der Best Case?
- Was geschieht, wenn nichts verändert wird?
- Welches Ziel sollte erreicht werden? Was ist eine mögliche Vision?
- Was sind Ideen zur Erreichung des Ziels?
- Was sollte getan werden? Was sollte nicht getan werden?

Wie Sie im Beratungsprozess diese Fragen stellen, wird von Fall zu Fall unterschiedlich sein:

- In der Einzelberatung werden Sie diese Fragen im Beratungsprozess (innerhalb der Klärungsphase beziehungsweise dann in der Überleitung zur Lösungsphase) stellen.
- Sie können diese Fragen im Rahmen eines Workshops stellen: Die Teilnehmenden sammeln Stärken und Schwachstellen des Teams (oder des Projekts ...) mithilfe von Moderationskarten oder Klebezetteln oder digitalen Whiteboards, oder Sie schreiben die Antworten auf Zuruf mit.
- Sie können eine eigene Gruppendiskussion machen mit der Zielsetzung, Stärken und Schwachstellen des Teams zu erfassen. Der Ablauf könnte etwa folgender sein.

BEISPIEL: GRUPPENDISKUSSION STÄRKEN UND SCHWÄCHEN DES TEAMS

- Zu Beginn wird nach der Begrüßung die Zielsetzung geklärt.
- Auf Klebezetteln werden Stärken und Schwachstellen des Teams gesammelt und auf einer Pinnwand geclustert.
- Mithilfe von Klebepunkten werden die wichtigsten Ergebnisse herausgearbeitet.
- In Kleingruppen werden dazu Lösungen erarbeitet.
- Die Lösungen werden im Plenum vorgestellt.
- Die nächsten Schritte werden festgelegt.

Sie können die genannten Fragen ebenso im Einzelinterview stellen – ein Verfahren, das wir in vielen Fällen anwenden.

DAS KONSTRUKTINTERVIEW

Das Einzelinterview ist unser Standardverfahren in der Organisationsdiagnose. Es bietet die Möglichkeit, sich auf den jeweiligen Gesprächspartner zu fokussieren. Das gibt den Befragten die Zeit, das zu sagen, was ihm oder ihr wirklich wichtig ist. Damit entfällt der Gruppendruck, unter dem sich manche den Meinungen der anderen anschließen. Zudem bietet das Interview Ihnen die Möglichkeit, ganz konkret nachzufragen.

Allerdings wird dabei häufig der methodische Aufwand unterschätzt. Ein Interview ist etwas anderes als bloßes Ins-Blaue-Fragen. Ein Interview benötigt ebenso viel Vorbereitung wie die Entwicklung eines Fragebogens, und es benötigt ebenso sorgfältige Durchführung und Auswertung.

Im Folgenden möchten wir Ihnen eine Form von Interviews vorstellen, die wir speziell für Organisationsanalysen entwickelt haben: das »Konstruktinterview« (König/Volmer 2018, S. 324 ff.). Damit lässt sich die »Konstruktion der Wirklichkeit« der Gesprächspartner erfassen: Welches Bild macht er oder sie sich vom Team, von der Organisation? Wo sieht er oder sie Stärken und Schwachstellen? Was sind seine beziehungsweise ihre Ideen?

Wichtig: Das Bild des Gesprächspartners ist »sein«/»ihr« Bild, nicht die »objektive Wirklichkeit«. Aber wenn Sie im Interview verschiedene Bilder, das heißt, verschiedene Perspektiven erfassen, haben sie eine gute Chance, ein umfassendes Bild zu erhalten.

Im Folgenden möchten wir Ihnen das Vorgehen, gegliedert in die Phasen Vorbereitung, Durchführung und Auswertung im Einzelnen darstellen.

DIE VORBEREITUNG DES KONSTRUKTINTERVIEWS

WAS WILL ICH WISSEN UND WARUM? Vielleicht kennen Sie das Zitat: »Wenn du nicht weißt, wo du hin willst, kommst du vermutlich da an, wo du auf keinen Fall hin wolltest.« Dieser Satz gilt ebenso für

Interviews: »Wenn du einfach drauflos fragst, erhältst du mit hoher Wahrscheinlichkeit Informationen, mit denen du nichts anfangen kannst.« Von daher der erste Grundsatz:

METHODE: WAS WILL ICH WISSEN UND WARUM?

Überlegen Sie zu Beginn:

- Was will ich wissen?
- Warum will ich das wissen? Oder anders formuliert: Was will ich mit den Ergebnissen machen?

Wir unterscheiden hier zwischen Ziel und Verwendungszweck. Auf unser Beispiel bezogen:

- Untersuchungsziel ist, Informationen über Stärken und Schwachstellen des Teams sowie Anregungen für den Teamentwicklungsprozess zu erhalten.
- Verwendungszweck ist, auf dieser Basis den Ablauf des Teamworkshops zu planen.

Ziel und Verwendungszweck legen die Richtung fest, in der Sie dann Fragen stellen. Sie sichern damit ab, dass Sie Blick auf Ihre Fragestellung wichtige Informationen erhalten.

WER KANN DAZU ETWAS SAGEN, UND WER SOLL BEFRAGT WERDEN? Überlegen Sie, wer zu den Stärken und Schwachstellen im Team etwas sagen könnte. Denken Sie dabei an die unterschiedlichen Perspektiven. Damit lässt sich die Frage präzisieren: Welche sind die relevanten Perspektiven, um etwas über Stärken und Schwachstellen des Teams zu erfahren. Das können sein:

- die Teammitglieder selbst
- sicherlich die Führungskraft
- wenn es sich um ein Führungsteam handelt, die Mitarbeitenden

Wenn wir den Blick weiter nach außen wenden, vielleicht auch:

- die externen Kunden
- die internen Kunden
- vielleicht andere Bereiche der Organisation wie zum Beispiel die HR-Businesspartnerin, die für diesen Bereich zuständig ist
- in manchen Situationen der Betriebsrat oder Personalrat
- möglicherweise auch externe Beraterinnen oder Trainer.

In der Regel gibt es zahlreiche Personen, die sie interviewen könnten. Wenn Sie das mit jedem Einzelnen tun würden, würde das Ganze uferlos. Sie müssen also aus diesen verschiedenen Perspektiven eine »Stichprobe« auswählen: Welche Personen aus den unterschiedlichen Perspektiven befrage ich tatsächlich?

UNSER TIPP

Bei der Festlegung der Zahl der Interviews wägen Sie Aufwand und Nutzen gegeneinander ab:

- Wenn Sie die Interviews nur für sich nutzen, um beispielsweise ein neues Angebot zu entwickeln, dann sind die Interviews Teil Ihrer Investition. Oft genügen dann drei bis fünf Interviews.
- Bei Teamworkshops ist es häufig zweckmäßig, alle Teammitglieder zu befragen (wenn Sie jemand ausschließen, kann er oder sie sich durchaus abgewertet fühlen), dazu dann vielleicht zwei bis drei Interviews aus externer Perspektive. Wir versuchen in der Regel, dafür nicht mehr als einen Tag zu verwenden, gegebenenfalls führen wir einige Interviews telefonisch oder per Video durch.
- Bei der Diagnose komplexer Organisationen sollten es nach Möglichkeit nicht mehr als 20 bis 30 sein. Zum einen wiederholen sich ab etwa 20 Interviews die Ergebnisse, zum anderen wird der Aufwand für die Auswertung zu groß.

Bewährt hat sich, bei komplexen Organisationen die möglichen Perspektiven in einer Matrix (Bereiche/Führungsebenen) darzustellen und in jeder Zeile beziehungsweise Spalte wenigstens zwei Interviews zu führen. Das könnte so ausschauen:

EBENE	ZENTRALE	PRODUKTION	VERTRIEB	TECHNIK
Werksleitung	1			
Bereichsleitung		1	1	1
Abteilungsleitung		2	1	1
Meister/Meisterin		2		1
Mitarbeitende		3	3	1
Betriebsrat	2			
Stabsstellen	3			

Wer dabei im Einzelnen befragt wird, lässt sich nicht von außen festlegen. Wir versuchen immer, unserem Auftraggeber die Intention deutlich zu machen: Es geht nicht darum, nur positive Perspektiven zu erfassen, sondern es geht um ein umfassendes Bild!

WELCHE FRAGEN SOLLEN GESTELLT WERDEN? Möglichst viele Fragen zu stellen ist ein typischer Anfängerfehler. Je mehr Fragen ich stelle, desto mehr schlägt meine Perspektive als Beobachter durch und desto weniger Zeit hat die Gesprächspartnerin, wirklich ihre Sicht einzubringen. Vier bis sieben Fragen sind in der Regel ausreichend.

BEISPIEL: LEITFRAGEN ALS VORBEREITUNG FÜR EINEN TEAMWORKSHOP

- Wo sehen Sie Stärken und Schwachstellen im Team?
- Stellen Sie sich vor, es ist ein Jahr vergangen und das Team ist ein Spitzenteam: Was hat sich zwischenzeitlich verändert?
- Worauf sollte man sich in den nächsten sechs Monate konzentrieren?

- Geplant ist ein Teamworkshop: Was könnten aus Ihrer Sicht Themen des Workshops sein?
- Was möchten Sie als Ergebnis mitnehmen?
- Haben Sie weitere Anregungen für mich als Moderatorin?

Welche Fragen Sie stellen, ergibt sich aus Ziel und Verwendungszweck und unter Berücksichtigung der Gesprächspartner (bei der Geschäftsführerin werden Sie die Fragen anders formulieren als bei einer Mitarbeiterin in der Poststelle). Dazu einige Anregungen.

METHODE: HILFREICHE LEITFRAGEN FÜR EINE ORGANISATIONSDIAGNOSE

- Wählen Sie als Einstieg eine Frage, die leicht zu beantworten ist und Ihre Gesprächspartnerin beziehungsweise Ihren Gesprächspartner zum Thema führt. Das kann die Frage nach Stärken und Schwächen sein, Sie können aber auch das Team allgemein beschreiben lassen oder nach Assoziationen fragen: »Welche Schlagworte fallen Ihnen spontan zu Ihrem Team ein?« Ihre jeweiligen Gesprächspartner werden spontan etwas nennen – »Behörde«, »Zirkus«, »Wolfsrudel« – und Sie haben damit einen guten Einstieg und können gezielt nachfragen.
- Sie können allgemein nach Stärken und Schwächen des Teams, der Organisation fragen. Hilfreich können als Einstieg Skalierungsfragen sein: »Wie erfolgreich ist das Team aus Ihrer Sicht auf einer Skala 0 total erfolglos – 100 ein absolutes Spitzenteam?« Ihre Gesprächspartner werden dann intuitiv eine Zahl nennen und Sie können nachfragen: »40: Was ist da erreicht? Was fehlt?«
- Sie können in Richtung Vergangenheit oder Zukunft fragen: »Was hat zu dieser Situation geführt?« Oder: »Was soll in einem Jahr erreicht sein?«
- Sie können nach Ideen und Anregungen fragen: »Was sollte getan werden?«, »Was sollte in den nächsten sechs Monaten in Angriff

genommen werden?« – Oder ganz konkret mit Blick auf Ihren Workshop: »Was sollten aus Ihrer Sicht Themen im Workshop sein?« Oder: »Was würden Sie mir als Moderatorin als Anregung geben?« Wir haben die Erfahrung gemacht, dass gerade solche konkreten Fragen Ihnen wichtige Hinweise geben.
- Sie können zirkuläre Fragen stellen. Wenn Sie eine Führungskraft nach ihren Schwächen fragen, kann es sein, dass Sie nur wenige oder sogar gar keine Antworten erhalten. Fragen Sie dagegen nach Schwächen anderer Führungskräfte – und Sie erhalten eine ganze Palette von Punkten, die möglicherweise zu bearbeiten wären.
- Als Abschlussfrage empfiehlt sich häufig eine offene Frage: »Gibt es außer den besprochenen Themen noch weitere Punkte, die in diesem Zusammenhang wichtig sein könnten?« Ihre Gesprächspartner erhalten damit die Möglichkeit, nochmals zu überdenken, möglicherweise kommen noch weitere wichtige Hinweise.

Daraus einen Leitfaden mit beispielsweise sechs Fragen zu erstellen ist anspruchsvoll. Hierzu folgende Anregung:

UNSER TIPP ZUR ERSTELLUNG VON LEITFRAGEN

- Schreiben Sie sich zunächst Untersuchungsziel und Verwendungszweck auf. Das gibt Ihnen die Zielrichtung für die Entwicklung der Leitfragen.
- Beginnen Sie mit der Erstellung der Leitfragen für eine bestimmte Gruppe, etwa für die Teammitglieder selbst. Sie werden Fragen für die Führungskraft oder für einen externen Berater zumindest teilweise anders formulieren müssen.
- Sammeln Sie zunächst mögliche Leitfragen wie beim Brainstorming: Mögliche Fragen sammeln, ohne sie zu bewerten.
- Erst danach überprüfen Sie die jeweiligen Fragen mit Blick auf Ziel und Verwendungszweck. Versuchen Sie, die Fragen in eine

logische Reihenfolge zu bringen, denn sonst müssen Ihre Gesprächspartner von einem Thema zum anderen und dann wieder zurückspringen.

- Schreiben Sie sich Ziel, Verwendungszweck und Leitfragen zum Beispiel auf ein Blatt und nehmen Sie das als roten Faden mit in Ihr Interview. Sie können auf Ziel und Verwendungszweck in der Einleitung hinweisen und behalten im Verlauf des Gesprächs stets das Ziel im Auge und laufen nicht Gefahr abzuschweifen.

DIE DURCHFÜHRUNG DES KONSTRUKTINTERVIEWS

Sie können im Interview viele der Vorgehensweisen nutzen, die wir im Kapitel Beratungsgespräch vorgestellt haben. Aber ein Interview ist kein Beratungsgespräch. Im Beratungsgespräch geht es darum, Ihre Gesprächspartner zu unterstützen, damit sie oder er die Situation aus einer anderen Perspektive sieht und neue Lösungen findet. Im Interview geht es darum, dass Sie die Sicht Ihres Gesprächspartners verstehen und auf dieser Basis ein Konzept entwickeln. Ein Interview hat damit eine Goal-Phase, eine Reality-Phase und eine Abschlussphase, aber keine Optionsphase.

METHODE: PHASEN DER INTERVIEWDURCHFÜHRUNG

Orientierungsphase (Goal)

- Das Interview beginnt damit, sich die eigene Rolle klarzumachen. Denn jetzt ist es die Rolle der Interviewerin oder des Interviewers mit der Grundeinstellung »Ich will Ihre Sichtweise erfahren«. Das ist entscheidend: Ein Interview ist kein Verkaufsgespräch, um eigene Vorstellungen zu »verkaufen«. Sondern es ist gleichsam eine Expedition in ein unbekanntes Land. Eigentlich immer entdecken wir dabei Neues, neue Hinweise, neue Anregungen, die uns von außen bislang verborgen waren.

- Der nächste Schritt ist auch hier, Kontakt aufzubauen. Das geschieht – wie beim Beratungsgespräch – in erster Linie nonverbal. Vielleicht erzählen Sie auch etwas von sich und lassen Ihre Gesprächspartnerin von sich erzählen.
- Auf der inhaltlichen Ebene geht es darum, Ziel und Verwendungszweck transparent zu machen. Niemand wird bereit sein, Interna über seine Organisation zu erzählen, wenn er nicht weiß, was mit den Ergebnissen geschieht. Schaffen Sie hier Transparenz: Wie ist es zu den Interviews gekommen? Was ist das Anliegen und wozu dienen die Ergebnisse?
- Abschluss der Orientierungsphase müssen klare Kontrakte sein, dass Ihr Gesprächspartner bereit ist, auf Fragen zu antworten, und dass Sie zusichern, was mit den Ergebnissen geschieht. Bleiben die Ergebnisse anonym? Das ist bei 20 Interviews gut leistbar, nicht bei einem Team von vier Personen – machen Sie das ebenfalls transparent. Und: Wer erhält die Ergebnisse?

Erhebungsphase (Reality)

- Erst danach können Sie mit der ersten Leitfrage einsteigen. Lassen Sie Ihrer Gesprächspartnerin Zeit, zum Thema zu kommen. Hören Sie zu und fragen Sie nach, wenn etwas unklar ist.
- Schreiben Sie so ausführlich wie möglich mit – möglichst wörtlich! Jede Interpretation, die Sie vornehmen, verändert die Perspektive. Bleiben Sie in der Begrifflichkeit Ihrer Gesprächspartner.

Als Alternative dazu können Sie, gerade dann, wenn Sie noch nicht allzu geübt sind, das Interview aufzeichnen (aber dafür Zustimmung einholen). Oder Sie bitten Ihren Gesprächspartner, den einen oder anderen Satz nochmals zu wiederholen.

Abschlussphase (What next)

- Am Ende steht in der Regel eine offene Abschlussfrage: »Außer den bereits besprochenen Themen gibt es aus Ihrer Sicht noch etwas zu ergänzen?«

- Daran schließt sich der Dank an die Gesprächspartnerin oder den Gesprächspartner an: Sie beziehungsweise er hat sein Wissen mit Ihnen geteilt und damit etwas für die Organisation getan.

Das Entscheidende im Interview sind Zuhören und Nachfragen. Ein hilfreiches Vorgehen dafür ist die sogenannte Matrixtechnik. Stellen Sie sich vor, Ihr Gesprächspartner nennt folgende Schwachpunkte im Team: »Die Rollen sind unklar, wir erhalten keine Orientierung von unseren Vorgesetzten.« Dann können Sie gleichsam in zwei Richtungen fragen:

- Zum einen in eine waagerechte Richtung: Gibt es weitere Schwachpunkte?
- Zum anderen in die Tiefe: Was meint Ihr Gesprächspartner damit, dass die Rollen unklar sind? Sie können sich hier ein Beispiel nennen lassen oder nachfragen: »Welche Rollen sind unklar?« Oder: »Was genau ist unklar?«, »Was führt dazu, dass die Rollen unklar sind?«, »Was müsste geschehen, um die Rollen zu klären?« – Bildlich dargestellt ergibt sich dazu das Bild einer Matrix.

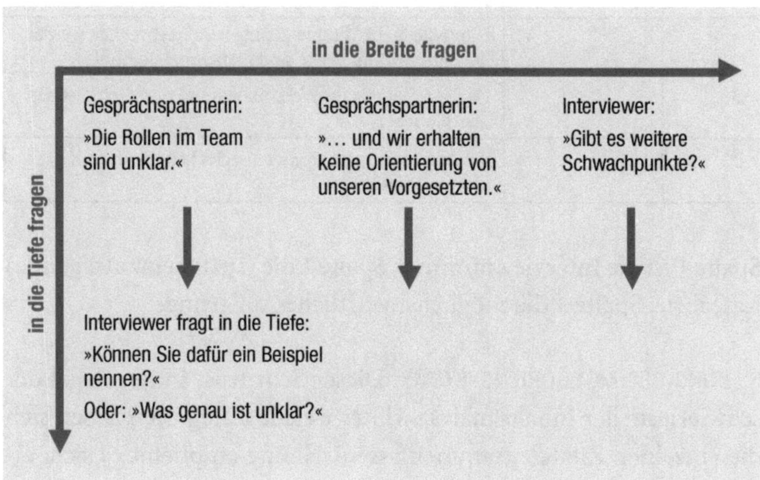

INHALTSANALYTISCHE AUSWERTUNG DES KONSTRUKTINTERVIEWS

Nehmen wir an, Sie haben als Vorbereitung für einen Teamworkshop zwölf Interviews geführt. Sie haben jetzt eine Fülle von Informationen. Doch was sind die zentralen Ergebnisse? Das heißt, Sie müssen die Daten unter bestimmten Kategorien zusammenfassen. In der Sozialforschung spricht man hier von der inhaltsanalytischen Auswertung von Texten. Sie verläuft in folgenden Schritten:

VERSCHRIFTLICHUNG DER IM BLICK AUF ZIEL UND VERWENDUNGSZWECK RELEVANTEN ÄUSSERUNGEN: Für die Auswertung qualitativer Daten gibt es eigene Auswertungsprogramme wie MAXQDA. Das Verfahren lässt sich aber ebenso mit einer Excel-Tabelle durchführen – beide Male haben Sie die Möglichkeit, die Daten anschließend zu sortieren. Eine solche Tabelle könnte etwa folgendermaßen ausschauen:

IV-NR.	KATEGORIE	ÄUSSERUNG
3		Warum soll ein Mitarbeitender seiner Meisterin noch vertrauen, wenn diese versucht, ihre Fehler zu vertuschen?
3		Es müsste mehr Verantwortung runtergebrochen werden. Die Entscheidungswege sind manchmal überholt.
3		Das, was bei uns im Werk manchmal untergeht, ist das Menschliche.
3		Bei Besprechungen sind von sechs Leuten oft fünf gar nicht vorbereitet.

Spalte 1 ist die Interviewnummer, Spalte 2 die (später einzutragende) Kategorie, Spalte 3 die möglichst wörtliche Äußerung.

BILDUNG DES KATEGORIENSYSTEMS: Dieser Schritt ist in der Regel der schwierigste der Inhaltsanalyse. Unter welche Kategorien lassen sich die einzelnen Zitate zusammenfassen? Häufig empfiehlt es sich, einen ersten Entwurf des Kategoriensystems auf der Basis von zwei bis drei, aber nicht aller Interviews zu erstellen – ansonsten laufen Sie Gefahr, in der Fülle der Aussagen unterzugehen. Bestimmte Kategorien finden sich häufig wieder. Wenn es um Stärken und Schwächen des Teams geht, kann man zum Beispiel unterscheiden zwischen:

- allgemeine Einschätzung des Teams
- Strategie
- Prozesse
- Mitarbeitende (ihre Kompetenzen, Motivation und Einstellung …)
- Zusammenarbeit (innerhalb des Teams, mit anderen Teams oder Bereichen)
- Führung

Fast immer entstehen dabei Kategorien, die spezifisch für dieses Team oder diese Organisation sind. So kann zum Beispiel die Erwartung zahlreicher Teammitglieder, klare Vorgaben von der Leitung zu erhalten, eine eigene Kategorie sein.

ZUORDNUNG DER EINZELNEN ZITATE ZUM KATEGORIENSYSTEM: Hier werden schrittweise die einzelnen Zitate den Kategorien zugeordnet und sortiert. Bisweilen erweist sich die ursprüngliche Zuordnung als nicht schlüssig und wird daher verändert.

UNSER TIPP

- Wenn sich Zitate häufiger verschiedenen Stellen zuordnen lassen, spricht das dafür, dass die einzelnen Kategorien noch nicht trennscharf sind und verändert werden sollten.
- Schließlich: Hüten Sie sich davor, alle Zitate in eine der vorhandenen Kategorien zu pressen. Wir lassen immer eine »Restklasse« offen, in die wir zunächst nicht zuordenbare Zitate einfügen. Möglicherweise entstehen daraus neue Kategorien – oder man stellt am Ende fest, dass diese Zitate letztlich irrelevant sind.

ZUSAMMENFASSUNG UND INTERPRETATION DER ERGEBNISSE: Wenn Sie die einzelnen Äußerungen zum Beispiel in einer Excel-Tabelle nach den Kategorien sortieren, erhalten Sie eine geordnete Übersicht – haben aber immer noch eine Fülle von Daten. Was davon sind die zentralen Ergebnisse? Wir gehen hier in der Regel in folgenden Schritten vor:

METHODE: ZUSAMMENFASSUNG UND INTERPRETATION DER ERGEBNISSE AUS DEN INTERVIEWS

- Wir kennzeichnen aussagekräftige Zitate bei den einzelnen Themen, die wir dann dem Auftraggeber beziehungsweise dem System zurückspiegeln. Wörtliche Zitate haben für die Betreffenden häufig mehr Aussagekraft als Interpretationen von außen.
- Die verschiedenen Sichtweisen werden zu Hauptthesen zusammengefasst.
- Gegebenenfalls erfolgt eine quantitative Auswertung: Wenn von zwölf Teammitgliedern zehn die Auffassung vertreten, dass die Rollen unklar sind, sagt das etwas anderes aus, als wenn das nur zwei dieser Meinung sind.
- Vergleich mit anderen oder früheren Daten (zum Beispiel der Mitarbeitendenbefragung): Was hat sich verändert? Was ist besser, was möglicherweise schlechter geworden?
- Interpretation der Ergebnisse auf der Basis theoretischer Konzepte wie zum Beispiel von Führungsmodellen oder des Systemmodells: Wie wird Führung hier gelebt? Inwieweit bestehen möglicherweise innerhalb des Teams Subsysteme, die sich voneinander abgrenzen?

Fast immer werden Sie als Beraterin oder Berater gefragt, was Sie denn nun empfehlen. Von daher: Versuchen Sie, die zentralen Ergebnisse herauszuarbeiten: Was sind die Hauptstärken des Teams, die es zu bewahren gilt? Und: Was sind die wichtigsten Punkte, die es zu bearbeiten gilt?

WEITERE DIAGNOSEVERFAHREN

Das Konstruktinterview ist aus unserer Sicht das wichtigste, aber sicherlich nicht das einzige Diagnoseinstrument. Einige weitere möchten wir Ihnen in diesem Abschnitt vorstellen.

BEOBACHTUNG: Wenn Sie als Beobachter zum Beispiel an einer Teamsitzung teilnehmen oder mit einer Führungskraft durch die Produktion gehen, fallen Ihnen einerseits vermutlich Aspekte auf, die möglicherweise den Angehörigen der Organisation fremd sind (wo sie ihre blinden Flecke haben). Andererseits aber ist Ihre Beobachtung nur eine Perspektive neben anderen und nicht die »objektive« Wirklichkeit. Also: Hüten Sie sich davor, Ihre Beobachtungen absolut zu nehmen – aber als eine Perspektive neben anderen kann sie das Bild der Wirklichkeit gut ergänzen.

Im Rahmen der Sozialforschung unterscheidet man verschiedene Formen von Beobachtung:

- *Die teilnehmende oder offene Beobachtung:* Dabei schreiben Sie alles auf, was Ihnen als beachtenswert auffällt. Versuchen Sie, die Situation möglichst wörtlich zu protokollieren.
- *Die teilstrukturierte Beobachtung:* Hier legen Sie bestimmte Kategorien Ihrer Beobachtung zugrunde wie zum Beispiel das Systemmodell. Gibt es zum Beispiel endlose Diskussionen ohne Ergebnis? Lassen sich geheime Regeln erkennen?
- *Die strukturierte Beobachtung:* Dabei legen Sie ein konkretes Beobachtungsschema zugrunde. Ein sehr einfaches Schema für Teambesprechungen könnte die Häufigkeit der Wortbeiträge sein.

Jedes Vorgehen hat Vor- und Nachteile. Die offene Beobachtung weitet den Blick für neue, bislang nicht beachtete Aspekte, die teilstrukturierte oder strukturierte Beobachtung ermöglicht es, einzelne Aspekte genauer unter die Lupe zu nehmen.

UNSER TIPP

Als Einstieg, um eine Organisation zu verstehen, empfiehlt sich eine offene Beobachtung: Gehen Sie mit in eine Besprechung oder begleiten Sie die Geschäftsführerin morgens beim Gang durch die Abteilungen. Sie werden dabei nicht nur rational vieles feststellen, sondern Sie entwickeln dabei auch ein Gefühl für die Organisation. Auf dieser Basis können sie einzelne Aspekte genauer betrachten.

FRAGEBOGEN: Die Frage, was besser ist, Fragebogen oder Interview, ist aber eine falsch gestellte Frage. Beide verfolgen unterschiedliche Zielsetzungen:

- Um »neue« Informationen zu erhalten, ist das Interview mit offenen Fragen geeigneter. Sie geben damit Ihrer Gesprächspartnerin die Möglichkeit, die Themen anzusprechen, die für sie wichtig sind.
- Wenn Sie bereits Hypothesen über wichtige Themen haben, ist ein Fragebogen das hilfreichere Instrument. Fragebogen dienen dazu, Häufigkeiten zu erfassen: Wie viele Mitarbeitende sehen die Kommunikation im Team als Problem?

Dabei lassen sich Interview und Fragebogen durchaus verknüpfen: Auf der Basis von Interviews können Sie einen Fragebogen entwickeln – und entsprechend können Sie Themen, die im Fragebogen auffällig oft genannt werden, mithilfe offener Fragen konkretisieren.

DOKUMENTENANALYSE: Jede Organisation verfügt über eine Fülle von Dokumenten. Dazu gehören beispielsweise Organigramme, Abläufe von Prozessen, Erlasse, Protokolle. Natürlich kann es hilfreich sein, diese Unterlagen für Ihre Diagnose zu nutzen. Aber Vorsicht: Leicht kann man sich dann in Unmengen von Daten verlieren. Von daher: Überlegen Sie, welche Daten Sie für Ihren Beratungsauftrag tatsächlich benötigen.

SURVEY-FEEDBACK: DIE RÜCKSPIEGELUNG DER DATEN

BEISPIEL: VERNICHTENDE KRITIK AM SCHULLEITER

Beim Kuratorium einer Privatschule häufen sich Beschwerden am Schulleiter. Eine Beraterin wird beauftragt, sich des Themas anzunehmen. Vereinbart werden Interviews. Das Ergebnis ist deutliche Kritik am Schulleiter. Das Kuratorium ist der Auftraggeber und erwartet, dass die Beraterin die Ergebnisse vorstellt.

Stellen Sie sich die Situation konkret vor: Für die Sitzung des Kuratoriums wird der Schulleiter eingeladen, hört hier zum ersten Mal die Kritik und fühlt sich vermutlich von der Beraterin demontiert. Dass danach eine konstruktive Zusammenarbeit unmöglich sein dürfte, liegt auf der Hand. Doch was ist die Alternative?

Rückspiegelung der Ergebnisse der Diagnosephase ist wichtiger Bestandteil systemischer Organisationsberatung. Dabei stellen sich zwei Fragen:

- Was spiegle ich zurück?
- Wem spiegle ich in welcher Reihenfolge die Daten zurück?

Was wir aber in dieser Situation gemacht haben und in vergleichbaren Situationen grundsätzlich machen, ist, den Betroffenen darauf vorzubereiten. Konkret: Wir stellten dem Schulleiter die Präsentation vor, die dann vor dem Kuratorium gehalten wurde. Und wir unterstützten ihn dabei, wie er mit der Situation umgehen kann. Daraus entwickelte sich ein Coachingprozess mit dem Schulleiter.

Daraus ergibt sich eine Grundregel, die Daten nach dem Grad der Betroffenheit zurückzuspiegeln. In diesem Fall war der Schulleiter am meisten betroffen. Daran schließt sich die Präsentation beim Auftraggeber (in diesem Fall, dem Kuratorium) an, dann folgen die Interviewpartner und weitere Bereiche, möglicherweise Veröffentlichung im Intranet. Besprechen Sie das mit Ihrem Auftraggeber.

Ein abschließender Hinweis: Denken Sie daran, dass die Interviewpartner ebenfalls informiert werden. Durch eine Diagnosephase werden Erwartungen geweckt. Dann nichts zu tun, ist demotivierend. Sprechen Sie das mit Ihrem Auftraggeber ab.

Auf der anderen Seite: Die Durchführung einer Diagnosephase führt nicht zu »Basisdemokratie«. Natürlich können ein Auftraggeber oder ein Lenkungskreis anders entscheiden, als es zum Beispiel Interviews nahelegen. Aber sie treffen dann die Entscheidung sehenden Auges. Und es ist wichtig, auch das dann transparent zu machen.

VON DER DIAGNOSE ZUM KONZEPT

In der Regel werden Sie als Beraterin schon bei der Präsentation gefragt, was Sie denn jetzt als weiteres Vorgehen vorschlagen. Das heißt, Sie sollten darauf vorbereitet sein. Hierfür folgende Anregungen:

METHODE: SCHRITTE DER ENTWICKLUNG DES BERATUNGSKONZEPTS AUF DER BASIS DER DIAGNOSEPHASE

Sammlung möglicher Vorgehensweisen: Häufig legen wir uns vorschnell auf ein bestimmtes Vorgehen fest, überlegen Sie stattdessen verschiedene Möglichkeiten.

- In der Regel werden in den Interviews bereits Vorschläge zum weiteren Vorgehen gemacht. Gehen Sie diese Vorschläge durch – häufig finden sich dabei Anregungen, die Sie nutzen können.
- Überlegen Sie dabei auch, was bisher versucht wurde, das Problem zu lösen. Da können sich Ansätze finden, die es lohnt, sie weiterzuverfolgen. Aber diese bisherigen Lösungsversuche können auch Teil des Problems sein: Wenn immer wieder ohne Erfolg versucht wurde, die Disziplin in Besprechungen zu verbessern, ist das ein Regelkreis. In diesem Fall ist es wichtig, etwas zu tun, um den Regelkreis zu unterbrechen.

- Überlegen Sie darüber hinaus weitere Vorgehensweisen. Vielleicht haben Sie bereits mit bestimmten Methoden gute Erfahrungen gemacht. Was wären außergewöhnliche, unkonventionelle Vorgehensweisen? Sicherlich gibt es in den zahlreichen Methodenbüchern Anregungen – aber Vorsicht: Verlieren Sie sich nicht im Methodenwirrwarr! Selbst zu überlegen ist meist hilfreicher.

Entwicklung des Drehbuchs für die Beratung: Jetzt haben Sie Ideen gesammelt: Was davon wählen Sie aus? Was schlagen Sie vor?

- In sozialen Systemen bewirken umfangreiche Maßnahmen häufig wenig, kleine Interventionen können dagegen große Wirkungen haben. Von daher: Was können weniger umfangreiche Vorgehensweisen mit großer Hebelwirkung sein? Was wären »Quick Wins«?
- Planen Sie nicht für den gesamten Zeitraum, sondern gehen Sie adaptiv vor: Was könnte Schwerpunkt in einem ersten Sprint oder einem ersten OKR-Zyklus sein?

Wenn Sie ein oder zwei mögliche Vorgehensweisen bereits in der Präsentation skizzieren können, sind Sie gut vorbereitet und haben dann Material, das gemeinsam zu konkretisieren.

LITERATURTIPP

Wir haben das Vorgehen im Handbuch Systemische Organisationsberatung (König/Volmer 2018) ausführlich dargestellt. Hier zwei weitere Bücher, die einen umfassenden Überblick geben:

- Schnell, R./Hill, P.B./Esser, E. (2018): Methoden der empirischen Sozialforschung. Berlin, Boston: De Gruyter
- Lamnek, S./Krell, C. (2016): Qualitative Sozialforschung. 6. Auflage. Weinheim: Beltz

Anregungen für die Entwicklung von Beratungsprozessen:

- Ischebeck, K. (2019): Erfolgreiche Konzepte. 5. Auflage. Offenbach: Gabal

Umsetzungsphase

In längeren Beratungsprozessen entspricht der Lösungsphase (Options) die Umsetzungsphase: Konkrete Maßnahmen wie Workshops, Großgruppenveranstaltungen, Outdoor-Aktivitäten, Digitalisierung, Prozessverbesserungen, aber auch Coaching oder Trainingsmaßnahmen werden durchgeführt. Für die einzelnen Maßnahmen bietet sich dann als Grundstruktur ebenfalls wieder GROW an: Es ist das Ziel festzulegen, die Ist-Situation ist zu klären, es sind Wege zur Erreichung des Ziels zu finden und die nächsten Schritte festzulegen und umzusetzen.

Wie dann die Umsetzung im Einzelnen geschieht, dafür gibt es mittlerweile eine Fülle von Methodenbüchern. Wir wollen Ihnen deshalb in diesem Abschnitt nur im Rahmen eines groben Überblicks Anregungen geben. Experimentieren Sie selbst mit verschiedenen Vorgehensweisen.

BERATUNGSFORMATE

WORKSHOP: Ein Team (zum Beispiel eine Abteilung oder ein Projektteam) entwickelt gemeinsam Lösungen. Auf der Basis von GROW ergibt sich dann die folgende Grundstruktur.

METHODE: GROW ALS WORKSHOP-STRUKTUR

- *Goal:* Was soll Ergebnis dieses Workshops sein?
- *Reality:* Die Situation klären: Was sind Stärken und Schwachstellen? Was ist erreicht und was nicht?
- *Options:* Lösungsmöglichkeiten sammeln und bewerten
- *What next:* Das Ergebnis festmachen und Vereinbarungen treffen

Es können im Verlauf des Prozesses Untergruppen gebildet werden, die dann jeweils ein konkretes Thema bearbeiten. Oder der Workshop kann durch interaktive Verfahren (gemeinsame Spaziergänge, Outdoor-Übungen …) ergänzt werden.

Ein häufiges Problem ist die Umsetzung der im Workshop erarbeiteten Ergebnisse. Manchmal fühlt man sich an Neujahrsvorsätze erinnert: Alle Teilnehmenden sind sich einig, dass das und das geschehen muss – und spätestens nach einer Woche ist im Tagesgeschäft alles vergessen. Daher wird eine Struktur benötigt, mit deren Hilfe die Umsetzung abgesichert werden kann.

METHODE: SICHERUNG DER UMSETZUNG IM WORKSHOP

- *Im Rahmen des Workshops konkrete Maßnahmen festlegen:* Was ist zu tun? Wer macht es mit wem und bis wann? Wer ist dafür verantwortlich? – Insbesondere der letzte Punkt ist wichtig, ansonsten kann es leicht sein, dass jeder der Beteiligten auf den anderen wartet und nichts geschieht.
- *Einen Verantwortlichen festlegen, der die Umsetzung überprüft:* Das kann zum Beispiel im Rahmen eines Monitorings erfolgen. Das Team erhält Feedback über Erfolge, aber auch die Nichteinhaltung von Vereinbarungen wird thematisiert.
- *Strukturen schaffen, die Verbindlichkeit herstellen:* Zum Beispiel gibt es einen Steuerkreis, in dem die zwischenzeitlich erarbeiteten und umgesetzten Ergebnisse vorgestellt werden.

FOKUSGRUPPEN: Ein Workshop kann verschiedene Perspektiven zusammenführen, Gemeinsamkeiten und Unterschiede aufzeigen sowie Hinweise und Anregungen sammeln. Für die konkrete Umsetzung empfehlen sich kleinere Gruppen mit drei bis fünf Teilnehmenden aus verschiedenen Perspektiven. Darüber hinaus benötigt man häufig zusätzliche Experten. Ein Beispiel: Im Rahmen eines Projekts zur Entwicklung eines neuen Online-Tools soll eine Fokusgruppe die technische Umsetzung klären. Ein Mitglied aus dem Projektteam ist dabei (um die Verbindung zum Projekt zu sichern), eine Person aus dem Kundenkreis und zusätzlich zwei IT-Expertinnen.

PROJEKTE: Klassische oder agile Projekte (s. auch S. 206 ff.) empfehlen sich, wenn es sich um größere Veränderungen handelt, zum Beispiel Automatisierungsprojekte, Digitalisierungsprojekte, größere Organisationsänderungen.

LENKUNGS- ODER STEUERKREISE: Im Projektmanagement wird unter dem Lenkungskreis (Steering Committee) das übergeordnete Entscheidungsgremium für ein Projekt oder ein Programm (mehrere Projekte) verstanden, das sich in der Regel aus dem Auftraggeber, der obersten Führungsebene und vielleicht Betriebsrat zusammensetzt.

Im schulischen Kontext arbeitet man häufig mit Steuergruppen, in denen die verschiedenen Perspektiven vertreten sein sollten. Allerdings wird das Prinzip der Mehrperspektivität häufig nicht umgesetzt, wenn zum Beispiel Schülerinnen und Schüler nicht in schulischen Steuergruppen oder Studierende nicht in Hochschulsteuergruppen vertreten sind.

EINZELCOACHING: Wenn Sie als Beraterin oder Berater das wöchentliche Teammeeting moderieren, kann das durchaus hilfreich sein. Möglicherweise noch wirkungsvoller ist es, wenn Sie die Teamleiterin unterstützen, selbst das Meeting erfolgreich zu steuern. Aus diesem Grund nimmt Coaching in unseren Beratungsprozessen zunehmend größeren Raum ein: Wir haben gute Erfahrungen damit gemacht, die Führungskraft bei der Vorbereitung eines Strategieworkshops zu unterstützen, den sie dann selbst moderiert hat.

GROSSGRUPPENVERANSTALTUNGEN bieten den Vorteil, dass hier eine große Zahl von Teilnehmenden einbezogen wird. Grundprinzip ist Austausch im Plenum, verbunden mit konkreter Arbeit in kleinen, mehr oder weniger formalisierten Gruppen. Beispiele sind unter anderem Open Space, Barcamp, Zukunftskonferenz, Lean Coffee oder World Café.

NUTZUNG DES EMOTIONALEN DENKENS: ANALOGE METHODEN

Menschen handeln, so eine der zentralen Thesen der Neurobiologie, nur zu einem geringen Teil rational, überwiegend emotional. Das bedeutet, dass Organisationsberatung das emotionale Denken ebenso ansprechen sollte. Das geschieht zum einem in jedem Beratungsprozess, der neben der inhaltlichen immer auch eine emotionale Ebene hat. Zum anderen besteht die Möglichkeit, »analoge« Methoden, wie wir sie hier nennen möchten, unmittelbar anzuwenden. Einige stellen wir Ihnen nun vor.

ARBEIT MIT SYMBOLEN UND BILDERN: Bilder und Symbole sprechen die emotionale Ebene unmittelbar an.

BEISPIEL: SYMBOLE FÜR DAS TEAM

»Suchen Sie sich ein Symbol für Ihr Team, wie Sie es gerade erleben«, so die Anweisung der Beraterin. Jedes Teammitglied bringt einen Gegenstand, einige Grasbüschel oder Blätter, den Moderatorenkoffer, eine Kiste einzelner Stifte … »Was bedeutet das für Sie als Team?«

Die Teilnehmenden denken nicht lange nach; sie wählen das Symbol intuitiv und stellen dabei intuitiv eine Verknüpfung zum Thema Team her: Die Kiste einzelner durcheinander liegender Stifte symbolisiert für die Teilnehmerin das Team. Hier einige Hinweise zum Vorgehen (ausführlicher König/Volmer 2018, S. 123 ff.):

METHODE: ARBEIT MIT SYMBOLEN

Auf der Basis von GROW ergibt sich etwa folgendes Vorgehen:

- *Goal:* Thema und Ziel werden wie üblich festgelegt. Zusätzlich kommt hier, dass Sie als Beraterin das Vorgehen vorschlagen: nicht das rationale, sondern das emotionale Denken zu nutzen. Das mag manchen Teilnehmenden fremd vorkommen. Hilfreich ist, das Vorgehen mit einigen Hinweisen zum emotionalen Denken zu begründen. Nach unseren Erfahrungen: Wenn Sie als Beraterin dabei ein gutes Gefühl haben, lassen sich die Teilnehmenden ebenfalls darauf ein. Widerstand bei Teilnehmenden resultiert in der Regel aus Unsicherheit bei der Beraterin.
- *Reality:* Alle Teilnehmenden werden aufgefordert, sich jeweils ein Symbol zu suchen. Anschließend geht es darum, das Symbol zu beschreiben. Wichtig dabei, noch nicht gleich die Bedeutung für das Team zu nennen, sondern die Eigenschaften: die Stifte liegen durcheinander, einige müssten gespitzt werden … Erst anschließend folgt dann die Frage, was das für das Team bedeutet. Das lässt sich als Tabelle darstellen – für das Beispiel der durcheinanderliegenden Stifte als Symbol für das Team etwa folgender Art:

SYMBOL	BEDEUTUNG FÜR DAS TEAM
mehrere Stifte	die verschiedenen Teammitglieder
Stifte liegen durcheinander	Es gibt wenig Gemeinsames.
Einige Stifte sind abgenutzt.	Wir haben uns in unseren Routinen verfangen.

- *Options:* Sie haben verschiedene Möglichkeiten, wie Sie weitermachen. Sie können beispielsweise fragen, was an den Stiften verändert werden sollte und was das bedeutet: Die Stifte müssten sortiert und teilweise angespitzt werden. Das bedeutet, es gilt die Rollen zu klären und neue Vorgehensweisen zu entwickeln. Oder Sie lassen ein neues Symbol suchen: »Suchen Sie sich ein Symbol für das Team, wie es in einem Jahr sein soll!« Hier ist das Vorgehen das gleiche wie in der Reality-Phase: das Symbol (oder die Veränderung) beschreiben und dann in die Realität übersetzen.

- *What next:* Am Schluss stehen Vereinbarungen, die im Team getroffen werden. Daneben ist aber auch ein Abschluss auf analoger Ebene möglich: Nehmen wir an, als Symbol für das Team, wie es sein soll, wird ein Blumenstrauß gewählt. Dann kann man symbolisch einen Blumenstrauß in das Teamzimmer stellen. Mitarbeitende bringen immer wieder einen Blumenstrauß mit – ein Teamritual ist entstanden.

Je nach der Situation lässt sich dieses Verfahren abwandeln: In der Einzelberatung können Sie Ihre Klientinnen und Klienten ein Symbol für die Ist-Situation und/oder für die Lösung suchen lassen. In einem Team hat es sich bewährt, wenn jedes Teammitglied ein Symbol sucht, aber vielleicht nur zwei bis drei wichtigste Eigenschaften aufschreibt. Man kann die Bedeutungen punkten, erhält so einen Überblick über Gemeinsamkeiten und unterschiedliche Auffassungen und kann möglicherweise darüber hinaus auf der Basis der für das Team wichtigen Begriffe eine »Teamcharta« entwickeln. Schließlich können Sie in einer Großgruppenveranstaltung zum Beispiel mehrere Bilder vorgeben. Jede Teilnehmende wählt sich ein Bild, zu den Bildern bilden sich kleinere Gruppen, die jeweils die Bedeutung für das Thema herausarbeiten.

Entsprechend können Sie Metaphern benutzen. Die Vorgehensweise ist gleich wie bei der Nutzung von Symbolen oder Bildern.

AUFSTELLUNGEN: Auf dem Boden ist eine Linie zwischen 0 und 100 für den Erfolg des Projekts gekennzeichnet. Jeder Teilnehmende stellt sich auf die Linie entsprechend der intuitiven Einschätzung. Auf dieser Basis kann dann weiter geklärt werden: »Was bedeutet für Sie die Einschätzung 45?«, »Was sollte getan werden, weiter nach vorn zu kommen?«, »Was wäre ein nächster Schritt?«

Sie können Aufstellungen auch in vier Feldern durchführen. Oder Sie nutzen die Aufstellung, um die Beziehung zwischen den Personen deutlich zu machen: Wo steht jedes Teammitglied? Wie deutet es die Situation? – das Vorgehen stellen wir auf Seite 105 genauer dar.

HELDENREISE (JOURNEY): Die Metapher der Reise wird in vielen Fällen für Changeprozesse genutzt. Der Veränderungsprozess geschieht wie bei einer »Heldenreise«, die durch mehrere Stationen führt. Sie startet zum Beispiel bei einer Ausgangssituation, die den früheren Anfangszustand des Teams oder der Organisation beschreibt. Es kommen Herausforderungen, man betritt einen Raum der Probleme, findet vielleicht den Schatz der Ressourcen, kommt zu neuen Lösungen und erreicht schließlich das Ziel.

SZENISCHES THEATER: Hier werden Geschichten der Organisation »erlebbar«. Typische Situationen, werden szenisch (und oft übertrieben) dargestellt. Durchgeführt werden diese Szenen von Schauspielerinnen oder Angehörigen der Organisation selbst. Voraus gehen häufig Interviews und Beobachtungen, aus denen dann Szenen ausgewählt werden. Den Abschluss kann die Diskussion unter den Zuschauenden bilden (eventuell auch zusammen mit den Spielerinnen und Spielern), woran sich dann möglicherweise Arbeitsphasen zur Bearbeitung der Themen anschließen können.

LITERATURTIPP

Zu den unterschiedlichen Formaten gibt es eine Fülle von Literatur mit praktischen Anregungen. Exemplarisch seien genannt:

- Braun, K. (2020): Master of Workshop – Workshops gestalten. Niederaula: Fischer Consultings
- Seliger, R. (2019): Einführung in Großgruppenmethoden Heidelberg: Carl-Auer Compact)

Zu analogen Verfahren gibt viele Anregungen:

- Lindemann, H. (2021): Die systemische Metaphern-Schatzkiste: Grundlagen und Methoden für die Beratungspraxis. 4. Auflage. Göttingen: Vandenhoeck & Ruprecht
- Lindemann, H./Bauer, C. (2019): Heldinnen, Ufos und Straßenschuhe. Göttingen: Vandenhoeck & Ruprecht

Abschlussphase: Evaluation und Sicherung der Nachhaltigkeit

BEISPIEL: VERÄNDERUNGEN STABILISIEREN

Frau Hans ist Teamleiterin eines Produktionsteams. Nach der Neuzusammensetzung ihres Teams hatte sie gemeinsam mit einem internen Organisationsentwickler einen Teamworkshop durchgeführt und neue Richtlinien für die Zusammenarbeit eingeführt. Leider scheint sich nach einiger Zeit niemand mehr an die vereinbarten Regeln halten zu wollen. Frau Hans überlegt, woran es liegt, dass die Regeln ignoriert werden, und vereinbart mit dem internen Organisationsentwickler einen Checktermin.

Das Beispiel zeigt, dass bei und nach jeder durchgeführten Intervention das soziale System die Veränderungen für sich verarbeitet. Das kann in eine positive Richtung führen, zum Beispiel in der Form, dass das Team weitere Ideen zur Verbesserung der Zusammenarbeit entwickelt – oder aber, wie im Beispiel, in den alten Zustand zurückfällt.

Die Wirksamkeit von Interventionen festzustellen, ist Aufgabe einer Evaluation. Bezogen auf unser Beispiel: Was waren die Faktoren, die dazu geführt haben, dass die Mitarbeitenden die Regeln ignorieren? Aber auch: Was hätte die Regeln gestützt? Wie hätte Frau Hans die Nachhaltigkeit der Umsetzung unterstützen können?

Im Folgenden stellen wir Ihnen die Schritte einer methodisch geleiteten Evaluation vor und geben Hinweise, was Sie tun können, um die langfristige Nachhaltigkeit zu sichern.

EVALUATION VON ORGANISATIONSBERATUNGSPROZESSEN

Evaluation, so kann man es im Sinne eines wissenschaftlichen Begriffsverständnisses fassen, ist eine Bewertung, die auf verlässlichen Daten beruht.

Die Evaluation ist damit eine spezifische Form der Diagnosephase. Sie folgt den gleichen Schritten.

SCHRITT 1: FESTLEGUNG VON EVALUATIONSGEGENSTAND UND VERWENDUNGSZWECK. Wie jede andere Diagnose startet die Evaluation mit Untersuchungsziel und Verwendungszweck.

- Untersuchungsziel: Was soll evaluiert werden?
- Verwendungszweck: Wozu (das heißt, für welchen praktischen Zweck) werden die Evaluationsergebnisse benötigt?

Bezogen auf das Eingangsbeispiel: Evaluiert werden sollen der Teamworkshop und die Umsetzung der dort vereinbarten Maßnahmen. Der Verwendungszweck kann je nach Zielstellung variieren: Es könnte sein, dass die Daten dazu dienen sollen, Anschlussmaßnahmen für das Team zu planen, oder dazu, die Effektivität der Unterstützung durch die Abteilung Organisationsentwicklung festzustellen. Es könnte aber auch sein, dass die Evaluationsergebnisse Grundlage für mögliche Veränderungen für den laufenden Prozess sein sollen.

SCHRITT 2: FESTLEGUNG DER EVALUATIONSFORM. Je nach Evaluationsgegenstand und Verwendungszweck gibt es verschiedene Evaluationsformen, die einzeln oder in Kombination durchgeführt werden können:

METHODE: EVALUATIONSFORMEN

Input-Evaluation

- Was wurde in die Maßnahme investiert?
- Wie hoch sind die Kosten?

- Welche Zeit wurde in Vorbereitung, Durchführung und Auswertung investiert?
- Gibt es darüber hinaus zusätzliche Investitionen, die zu berücksichtigen sind?

Auf das Beispiel der Teamberatung bezogen sind zum Beispiel folgende Kosten zu berücksichtigen: die Personalkosten des Organisationsentwicklers, Kosten für das Seminarhotel, für den Workshop, Fahrtkosten, Kosten für Materialien, möglicherweise auch Ausfallkosten für die Teilnehmenden. Je nach dem Verwendungszweck wird man dabei das Schwergewicht auf unterschiedliche Faktoren legen. So mag es für den Organisationsentwickler hilfreich sein, eine Übersicht über seinen Zeitaufwand bei der Vorbereitung zu erhalten, während das Unternehmen möglicherweise eher an den Gesamtkosten (einschließlich Ausfallkosten der Teilnehmenden) interessiert ist.

Prozessevaluation

Hier geht es darum, den laufenden Prozess zu reflektieren und gegebenenfalls anzupassen. Hilfreiche Fragen können sein:

- Wie wird der bisherige Verlauf des Beratungsprozesses von den Beteiligten beurteilt? Was war gut? Was war weniger gut?
- Wie wird der bisherige Prozess von Außenstehenden wie Vorgesetzten oder Kolleginnen und Kollegen beurteilt? Sind bereits Ergebnisse erkennbar?
- Was sind Vorschläge zur Weiterführung des Prozesses? Was sollte beibehalten, was abgeändert werden?

Output-Evaluation

Diese Form der Evaluation bewertet die Ergebnisse der Maßnahmen unmittelbar nach deren Durchführung. Passende Untersuchungsfragen können sein:

- Wurden die gesetzten Ziele erreicht?
- Welche Ergebnisse wurden erreicht?
- Wurden Vereinbarungen für das weitere Vorgehen getroffen?

- Wie schätzen die Betroffenen das Ergebnis ein? Was wurde aus ihrer Sicht erreicht, was nicht?
- Wurden Veränderungen von anderen Personen des sozialen Systems wahrgenommen? Wie beurteilen die Stakeholder des weiteren Umfelds die Ergebnisse?

Outcome- beziehungsweise Impactevaluation
Diese Form betrifft den langfristigen Erfolg einer Maßnahme. Ist die Zusammenarbeit auch nach zwei Monaten noch verbessert, oder ist das Team wieder in die alten Strukturen verfallen? Sie können die Outcome-Evaluation zu verschiedenen Zeitpunkten durchführen und so ihre Aussagekraft deutlich erhöhen. Die Prozessfragen entsprechen im Wesentlichen denen bei der Output-Evaluation.

Retrospektive und Review
Retrospektive und Review im Rahmen des agilen Projektmanagements sind im Grunde nichts anderes als Prozess- und Output-Evaluation am Schluss eines jeden Sprints.

- Retrospektive ist eine Prozessevaluation der Arbeit im letzten Sprint. Die grundlegenden Prozessfragen lauten:
  - Was ist gut gelaufen?
  - Wo gab es im Verlauf Probleme?
  - Was können wir daraus für das weitere Vorgehen lernen?
- Review ist die Messung des Ergebnisses:
  - Wurden alle Anforderungen erfüllt?
  - Was wurde nicht erreicht?
  - Wo wurde mehr erreicht, als wir uns vorgenommen hatten?

SCHRITT 3: FESTLEGUNG DER EVALUATIONSKRITERIEN. Die Kriterien sind die Maßstäbe, an denen die durchgeführten Maßnahmen sich messen lassen müssen. Dabei lassen sich verschiedene Formen unterscheiden.

METHODE: EVOLUTIONSKRITERIEN

- *Kriterium der Zielerreichung:* Wurden die vorher definierten Ziele der Veranstaltung erreicht? Für unser Beispiel: Arbeitet das Team jetzt besser zusammen? Hält es sich an die vereinbarten Regeln?
- *Kriterium »Return on Invest«:* Dieses Kriterium bemisst den Erfolg der Maßnahmen an der Zielerreichung gemessen an dem zeitlichen, personellen oder monetären Einsatz. Es ist aber auch kritisch zu sehen: Viele Maßnahmen lassen sich nicht in für dieses Kriterium nötigem Maße quantifizieren.
- *Kriterium »User Experience (UX)«:* User Experience beschreibt die Erfahrung, die Nutzende mit einem Produkt, einer Dienstleistung oder zum Beispiel einem Prozess machen.
- *Kriterium Systemakzeptanz:* In eine ähnliche Richtung geht das Kriterium der Systemakzeptanz. Es erfasst, ob das soziale System die implementierten Veränderungen annimmt oder abstößt.

Um die Evaluation schlank zu halten, bietet es sich an, sich auf wenige Kriterien zu beschränken. Bezogen auf unser Beispiel werden die Kriterien Zielerreichung (Verbesserung der Zusammenarbeit, Etablierung neuer Teamregeln) und Systemakzeptanz (Annahme der Maßnahme durch das soziale System) ausgewählt.

SCHRITT 4: FESTLEGUNG VON INDIKATOREN. Nun geht es darum, die ausgewählten Kriterien in beobachtbare (messbare) Indikatoren zu übersetzen. Auf unser Beispiel bezogen: Wie lässt sich die Verbesserung der Zusammenarbeit messen? Dabei lassen sich zwei Arten unterscheiden:

- *Qualitative Indikatoren:* Das sind die subjektiven Einschätzungen der befragten Personen in Bezug auf das betreffende Kriterium im Rahmen von Interviews oder Beobachtungen. Bezogen auf das Beispiel: Der Organisationsentwickler könnte die subjektiven Einschätzungen jedes Teammitglieds (oder der Führungskraft oder benachbarten Abteilungen et cetera) abfragen, inwiefern sich die Arbeit im Team verbessert hat. Er könnte aber auch selbst Beobachtungen durchführen, indem er zum Beispiel das Team für einen Tag begleitet.

- *Quantitative Indikatoren:* Hierbei handelt es sich um Indikatoren, die in Form von Zahlen ausgedrückt werden. Das können sogenannte Key-Performance-Indicators (KPIs) wie Umsatz, Buchungsraten, Zahl durchgeführter Veranstaltungen sein oder Daten, die mittels Fragebogen erhoben wurden.

Der Vorteil qualitativer Indikatoren ist, dass die Befragten ihre individuelle Einschätzung abgeben und so auf wichtige Aspekte aufmerksam machen, die die Evaluierenden vorher nicht im Blick gehabt haben. Nachteil ist, dass die Erhebung von qualitativen Daten aufwendig ist.

Quantitative Daten haben den Vorteil, dass sie die Häufigkeit und damit auch die Relevanz des untersuchten Phänomens präzise ausdrücken können: Wenn bei einer Beratung im Rahmen einer Bereichsentwicklung über 100 Mitarbeitende betroffen sind, dann haben die positiven Einschätzungen von sieben Interviewpartnern wenig Aussagekraft. Quantitative Daten haben in der Regel höhere Akzeptanz.

Der Nachteil besteht darin, dass die Qualität der Daten maßgeblich von den der Erhebung zugrunde gelegten Hypothesen abhängt. Wenn der Organisationsentwickler aus unserem Beispiel übersieht, das Thema Führung abzufragen, werden die Einflüsse des chaotisch agierenden Bereichsleiters nicht erfasst.

Ein zweites Problem im Zusammenhang mit quantitativen Indikatoren ergibt sich durch die Zuordnung von Kennzahlen zum Erfolg der durchgeführten Maßnahme. Bezogen auf unser Beispiel: Gesteigerte Umsatzzahlen müssen nicht unbedingt durch die verbesserte Zusammenarbeit im Team erreicht worden sein, sondern können ebenso mit der gesamtwirtschaftlichen Lage oder anderen Faktoren zusammenhängen.

In vielen Fällen ist daher eine Kombination von Kennzahlen und subjektiven Indikatoren das geeignetere Verfahren. »Objektive« Daten und »subjektive« Interpretationen können sich gegenseitig stützen und bieten damit ein umfassendes Bild.

SCHRITT 5: FESTLEGUNG DER MESSZEITPUNKTE. Abhängig von der Art der durchgeführten Evaluation ergeben sich verschiedene Möglichkeiten zur Festlegung der Messzeitpunkte:

- *Einpunktmessungen:* Es erfolgt lediglich eine Messung, zum Beispiel nach Abschluss der Maßnahme.
- *Zweipunktmessungen:* Zwei Messungen werden durchgeführt, zum Beispiel vor und nach Abschluss der Maßnahme.
- *Mehrpunktmessungen:* Hier erfolgen mehrere Messungen zu verschiedenen Zeitpunkten.
  Im Rahmen eines agil-systemischen Beratungsmodells, wie wir es in diesem Buch vorstellen, finden ohnehin mehrere Messungen statt, die dann auch im Rahmen der Evaluation genutzt werden können.

SCHRITT 6: DURCHFÜHRUNG DER EVALUATION, AUSWERTUNG UND INTERPRETATION DER DATEN. Diesen finalen Schritt haben wir bereits im Kapitel zu Organisationsdiagnosen beschrieben. Es gilt die gewonnen Daten an das soziale System zurückzuspiegeln und auf dieser Basis die nächsten Schritte beziehungsweise einem agil-systemischen Verständnis folgend den nächsten Sprint zu planen.

LITERATURTIPP

Eine umfassende Einführung in die Evaluationsforschung ist:

- Bortz, J./Döring, N. (2016): Forschungsmethoden und Evaluation in den Sozial- und Humanwissenschaften. 5. Auflage. Heidelberg: Springer

SICHERUNG DER NACHHALTIGKEIT

Das eingangs angeführte Beispiel zeigt, was häufig im sozialen System passiert: Die Veränderungen halten nicht lange an, die Personen des sozialen Systems »rutschen« in alte Muster.

Das Thema Nachhaltigkeit, ursprünglich ein gesellschaftspolitischer Begriff, hat in den letzten Jahren enorm an Bedeutung gewonnen. Dabei lassen sich zwei Zielrichtungen unterscheiden: Zum einen zielt das Konzept der Nachhaltigkeit nicht nur auf ökonomische, sondern auch ökologische und soziale Gesichtspunkte. Hierfür hat sich der Begriff der »Triple Bottom Line« etabliert, in dem die drei Bereiche mit den Schlagworten »Planet, People, Profit« zusammengefasst werden (Kopnina/Blewitt 2018).

Die zweite Konnotation des Begriffs Nachhaltigkeit betrifft den zeitlichen Charakter: Damit Interventionen nachhaltig sind, müssen die ihnen folgenden Veränderungen längere Zeit andauern.

Aus systemischer Perspektive bedeutet Sicherung der Nachhaltigkeit Stabilisierung eines neuen sozialen Systems. Ansatzpunkte dafür sind dann wieder die verschiedenen Systemfaktoren: Welche Systemfaktoren unterstützen beziehungsweise verhindern die Stabilisierung der erreichten Veränderung?

Ausführliche Anregungen dazu finden Sie im dritten Teil dieses Mini-Handbuchs, daher folgen an dieser Stelle nur einige Hinweise.

PERSONEN: Jede nachhaltige Veränderung benötigt Promotoren, also Personen, die die Veränderung weiter vorantreiben. Dabei unterscheidet man

- Machtpromotoren, die aufgrund ihrer hierarchischen Position die Nachhaltigkeit sichern können,
- Fachpromotoren, die ihr Expertenwissen einbringen, und
- Prozesspromotoren, die den Prozess vorantreiben.

UNSER TIPP

Versuchen Sie schon zu Beginn des Beratungsprozesses – etwa im Rahmen einer Stakeholderanalyse (ausführlicher s. S. 101 ff.) – Promotoren zu identifizieren und sie einzubeziehen. So war die Implementierung interner Organisationsberater oder Prozessbegleiter in mehreren unserer Beratungsprojekte entscheidender Erfolgsfaktor.

SUBJEKTIVE DEUTUNGEN: Je nachdem, ob die Personen des sozialen Systems die erreichte Veränderung positiv, neutral oder gar negativ deuten, wird Veränderung mehr oder weniger nachhaltig sein. Klären Sie daher ab, wie die Betroffenen die Veränderung deuten. Überlegen Sie sich Möglichkeiten: eine Vision der Veränderung entwickeln, an Vereinbarungen (zum Beispiel neue Regeln) immer wieder erinnern, Einwände ernst nehmen, gemeinsam mit den Betroffenen Maßnahmen entwickeln, Ergebnisse sichtbar machen und Erfolge feiern.

SOZIALE REGELN: Jede Veränderung erfordert neue Regeln. Denken Sie beispielsweise an ein Team, das agiles Arbeiten einführt. Hier ist es wichtig, dass die Regeln, die die Methode strukturieren und ihr Mehrwert verleihen, eingehalten werden. Gleichzeitig impliziert die systemische Perspektive, dass Regeln nicht starr sind, sondern immer wieder an neue Veränderungen angepasst werden.

Überlegen Sie daher, welche Regeln, die Veränderungen stützen können, aber auch, welche im Sinne eines dauerhaften Erfolgs modifiziert oder außer Kraft gesetzt werden sollten.

UNSER TIPP

Je einfacher die neuen Regeln sind, desto erfolgreicher ist die nachhaltige Umsetzung. Ein Beispiel erleben wir häufig in unseren Beratungsprozessen: GROW ist ein einfaches Regelsystem – und es ist häufig Erfolgsfaktor bei der Sicherung der Nachhaltigkeit.

REGELKREISE: Ein Regelkreis, der Veränderungen häufig behindert, ist das Zurückfallen in alte Verhaltensmuster. Der neue Prozessschritt funktioniert nicht, und schnell arbeitet das Team wieder im alten Modus. Hilfreich sind daher regelmäßige Reviews: Was ist umgesetzt? Wo hakt es? Was lief gut in der Veränderung? Wo gibt es Verbesserungspotenziale?

SYSTEMUMWELT: Im Blick auf die materielle Umwelt gilt, dass es hilfreich ist, schon zu Beginn zu überlegen, welche Faktoren die Veränderung unterstützen können. Das kann die Veränderung der Arbeitsräume (New Work) sein, aber auch die Durchführung gemeinsamer Treffen bei einem auf verschiedene Standorte verteilten Team.

Im Blick auf die Nachhaltigkeit sind zudem die Systemgrenzen zu beachten. Kann ein internes Marketingteam agil arbeiten, wenn die Organisation insgesamt im klassischen Silodenken gefangen ist? Überlegen Sie hier verschiedene Möglichkeiten: Erst in einem relativ geschlossenen Piloten die Veränderung nachhaltig umsetzen? Oder die Gesamtorganisation miteinbeziehen? Welche Regeln sind für die Übergänge an Schnittstellen zu vereinbaren?

ENTWICKLUNG: Veränderungen in sozialen Systemen verlaufen nicht linear, sondern abrupt. Das bedeutet: Ein System befindet sich in einem stabilen Zustand, es werden Veränderungen angestoßen, die zu einem instabilen (»dissipativen« Zustand) führen, wo nicht klar ist, in welche Richtung sich das System entwickeln wird, bis es schließlich wieder einen stabilen Zustand erreicht.

Daraus ergibt sich als eine erste Aufgabe für die Sicherung der Nachhaltigkeit, festzustellen, in welchem Zustand das soziale System sich befindet. Ist es noch im alten oder bereits im neuen stabilen Zustand? Oder befindet es sich gerade mitten im dissipativen Zustand, bei dem nicht klar ist, in welche Richtung es sich verändern wird?

Dafür gibt es kein »objektives« Kriterium. Wohl aber lässt sich aus der Perspektive des sozialen Systems abschätzen, wie stabil die erreichten Veränderungen sind, was die Faktoren (Attraktoren) sind, die das System in den alten oder den neuen Zustand ziehen, und was getan werden kann, um Nachhaltigkeit zu sichern. Nutzen Sie das für Ihre nächste Diagnosephase im Beratungsprozess.

LITERATUR

Ausführliche Hinweise zu diesem Thema finden Sie zum Beispiel in folgenden Büchern:

- Glasl, F./Lievegoed, B. (2021): Dynamische Unternehmensentwicklung. 6. Auflage. Bern, Stuttgart: Freies Geistleben
- Keller, E. (2019): Tools für Nachhaltigkeit in Beratung und Training. 2. Auflage. Bonn: managerSeminare
- Strunk, G. (2021): Free Hugs: Komplexität verstehen und nutzen. Wien: Complexity-Research, Forschung & Lehre

Teil 3

Der Blick auf das soziale System

Merkmale sozialer Systeme

BEISPIEL: DER EHEMALIGE LEITER

Frau Scholz ist seit einem Jahr Leiterin einer größeren sozialen Einrichtung. Sie ist engagiert, erzielt Erfolge, ist dafür auch beim Träger anerkannt. Aber sie hat ein Problem: Der ehemalige Leiter der Einrichtung, dem vor vier Jahren vom Leiter des Kuratoriums nahegelegt worden war zu gehen, kann es bis heute nicht verwinden, dass seine Nachfolgerin es jetzt anders macht. Er hält immer noch Kontakt zu einigen Mitarbeitenden, trifft sich mit ihnen, erzählt überall, dass die neue Leiterin die Werte der Organisation verraten würde. Das Team ist gespalten: Wenige stehen zur neuen Leiterin, eine ganze Reihe sehnt sich zu den alten Zeiten zurück. »Er macht mir das Leben zur Hölle«, so die Worte der Leiterin.

Menschen werden vom sozialen System beeinflusst, aber Menschen können das System auch verändern – so die zentrale These systemischer Organisationsberatung. Das Beispiel zeigt: Die neue Leiterin ist auf der einen Seite beeinflusst vom sozialen System: vom ehemaligen Leiter, seinem Verhalten, den immer wiederkehrenden Angriffen. Auf der anderen Seite hat die neue Leiterin die Möglichkeit, das System zu verändern.

Systemische Organisationsberatung bedeutet, den Blick auf das soziale System zu richten. Soziale Systeme, das haben wir im ersten Teil bereits festgestellt, sind durch folgende Merkmale gekennzeichnet:

- die handelnden Personen,
- ihre subjektiven Deutungen, also ihre Gedanken und Empfindungen,
- Regelkreise, das heißt, immer wiederkehrende Verhaltensmuster
- offene und verdeckte soziale Regeln, die festlegen, was man in einem sozialen System tun soll, darf oder nicht darf,

- die Umwelt und die Systemgrenze zu anderen sozialen Systemen,
- die Entwicklung des sozialen Systems.

Was das bedeutet, lässt sich an obigem Beispiel gut verdeutlichen.

- *Handelnde Personen:* Dass hier Personen eine Rolle spielen, ist offenkundig: die Person der neuen Leiterin, das Team, aber auch die Person des ehemaligen Leiters. Welche Personen jeweils eine Rolle spielen, ist nicht aus dem Organigramm ablesbar: Der ehemalige Leiter steht nicht im Organigramm, spielt aber trotzdem eine entscheidende Rolle.
- *Subjektive Deutungen:* Möglicherweise ist der ehemalige Leiter immer noch verbittert, dass er seinerzeit die Einrichtung verlassen musste. Die jetzige Leiterin deutet die Situation völlig anders: »Es wäre alles so einfach, wenn der nicht immer so stänkern würde.« Sie empfindet Beklemmungen, wenn sie nur an ihn denkt.
- *Regelkreise:* Der ehemalige Leiter nimmt immer wieder Kontakt zu einigen Mitarbeiterinnen auf, sie treffen sich in der Mittagspause, reden über die neue Leitung, einige Mitarbeiterinnen beklagen untereinander, dass es früher viel besser war. Die neue Leiterin erklärt immer wieder, warum bestimmte Veränderungen notwendig sind – aber stößt bei einer Reihe von Mitarbeitenden auf taube Ohren.
- *Offene und verdeckte soziale Regeln:* Zum Beispiel gilt die Regel, dass die neue Leiterin ihrem Vorgänger nicht den Kontakt zu den Mitarbeitenden verbieten darf. Oder die zumindest früher geltende Regel: »Man muss sich nur lange genug beklagen, dann bekommt man, was man will.«
- *Soziale Umwelt:* Systemgrenzen können mehr oder weniger durchlässig sein. Hier ist die Systemgrenze zwischen dem ehemaligen Leiter und dem aktuellen sozialen System der Einrichtung sehr durchlässig: Es besteht immer noch enger Kontakt. Aber es besteht eine Systemgrenze zwischen den engagierten Mitarbeitenden und den »alten«, die die Veränderungen beklagen.

- *Entwicklung des sozialen Systems:* Hier ist es die Vorgeschichte des Weggangs des ehemaligen Leiters, die immer noch eine Rolle spielt.

Systemische Organisationsberatung bedeutet, das soziale System in den Blick zu nehmen. Zugleich eröffnet das Handlungsmöglichkeiten auf den verschiedenen Ebenen:

- Es kann Nähe und Distanz verändert werden. Oder Personen können das System verlassen beziehungsweise neu hinzukommen. So wird sich vermutlich das System verändern, wenn einige von den älteren Mitarbeiterinnen in die Rente gehen und stattdessen neue kommen – auch die Leiterin hat schon darüber nachgedacht zu kündigen.
- Subjektive Deutungen können sich verändern. Möglicherweise lassen sich Wege finden, dass der ehemalige Leiter seine Sicht verändert und nicht mehr so verbittert ist – möglicherweise kann aber auch die jetzige Leiterin ihr Bild der Wirklichkeit verändern und das Ganze nicht mehr so tragisch nehmen.
- Regeln und Systemgrenzen können verändert werden. Zum Beispiel kann versucht werden, den Zugang des ehemaligen Leiters zur Einrichtung einzuschränken, indem er sich jedes Mal bei der neuen Leiterin anmelden muss.
- Regelkreise können unterbrochen werden. Die jetzige Leiterin kann beispielsweise klare Anweisungen geben, anstatt zu versuchen, sich zu erklären. Wichtig ist an dieser Stelle: Die Leiterin muss etwas anderes tun als ihr bisher üblicherweise gezeigtes Verhalten, das die Regelkreise am Leben erhält.
- Schließlich könnte es hilfreich sein, die Vorgeschichte aufzuarbeiten. Was ist damals eigentlich geschehen? Lässt sich die Situation auch anders deuten?

Systemische Organisationsberatung, so das Fazit, ermöglicht Interventionen auf unterschiedlichen Ebenen. Was das im Einzelnen bedeutet, soll in den folgenden Kapiteln dargestellt werden.

Wer hat das Sagen? – Die Personen des sozialen Systems

Systemische Organisationsberatung bedeutet, die Aufmerksamkeit auf die handelnden Personen zu richten. Daraus ergeben sich zwei Kernfragen:

- Mit Blick auf Thema und Ziel des Beratungsprozesses: Welche Personen spielen hier eine Rolle?
- Mit Blick auf diese Personen: Was sind mögliche Interventionen?

Im Folgenden stellen wir Ihnen einige Methoden vor, die den Blick auf die Personen lenken und die Sie in der Beratung nutzen können.

STAKEHOLDER-ANALYSE: Stakeholder sind die Personen oder Personengruppen, die den Erfolg eines Projekts (allgemein einer Maßnahme) maßgeblich beeinflussen.

METHODE: STAKEHOLDER-ANALYSE

Bewährt hat sich bei der Durchführung der Stakeholder-Analyse die Form einer Tabelle:

- Spalte 1: Name und Funktion des Stakeholders, eventuell einige allgemeine Hinweise.
- Spalte 2: Die Ziele des jeweiligen Stakeholders. Das können inhaltliche Ziele sein (»Die Einrichtung voranbringen«), aber ebenso persönliche Ziele wie »sich profilieren«. Häufig sind die persönlichen Ziele wichtiger als die inhaltlichen.
- Spalte 3: Typische Verhaltensweisen, die Sie im Umgang mit diesem Stakeholder beachten müssen.
- Spalte 4 schließlich ist ein Ideenspeicher: Was wären mögliche Interventionen?

Hier das Beispiel aus einem Projekt:

STAKEHOLDER	ZIELE (INHALTLICHE UND PERSÖNLICHE)	TYPISCHE MUSTER IM UMGANG MIT DEM STAKEHOLDER	IDEEN FÜR DAS EIGENE VORGEHEN
Leiter Kuratorium	• Will, dass die Einrichtung erfolgreich arbeitet. • Will im Grunde keine Konflikte.	• Greift erst sehr spät durch. • Stimmt der jetzigen Leiterin zu, aber wenig geschieht.	• Vorgehen eng mit ihm abstimmen. • Beschlussvorlagen für nächste Sitzung vorschlagen. • Im Blick behalten, dass er wenig engagiert sein wird.

Die Stakeholder-Analyse macht sensibel für Chancen und Risiken im sozialen System – und liefert zugleich Ideen, wie Sie mit diesem Stakeholder umgehen können.

UNSERE TIPPS

- Wenn Sie externe Beraterin sind, versuchen Sie, die Stakeholder-Analyse zusammen mit einem internen Ansprechpartner durchzuführen. Die Analyse erfordert Systemkenntnis. Wir führen sie manchmal auch in unserem Change- oder Projektteam durch. Aber Vorsicht: Die Stakeholder-Analyse enthält sensible Daten – und es wäre für das Projekt und für Sie wenig hilfreich, wenn einem Stakeholder zugetragen wird, dass sein Verhalten als unehrlich und taktierend eingeschätzt wurde.
- Bei sehr vielen Stakeholdern versuchen Sie sich am besten, auf die wichtigsten (etwa acht bis zwölf) zu beschränken. Möglicherweise können Sie einzelne Gruppen zusammenfassen – oder (was wir vorziehen) Sie wählen einen typischen Vertreter dieser Gruppe.
- Hilfreich ist, erst alle Stakeholder aufzulisten und dann zeilenweise zu bearbeiten – also jeweils dazu auch Ideen zu sammeln.

KRAFTFELDANALYSE: Eine andere Form, sich eine Übersicht über die jeweiligen Stakeholder zu verschaffen, ist die Kraftfeldanalyse. Hier ein Beispiel aus einem Veränderungsprozess:

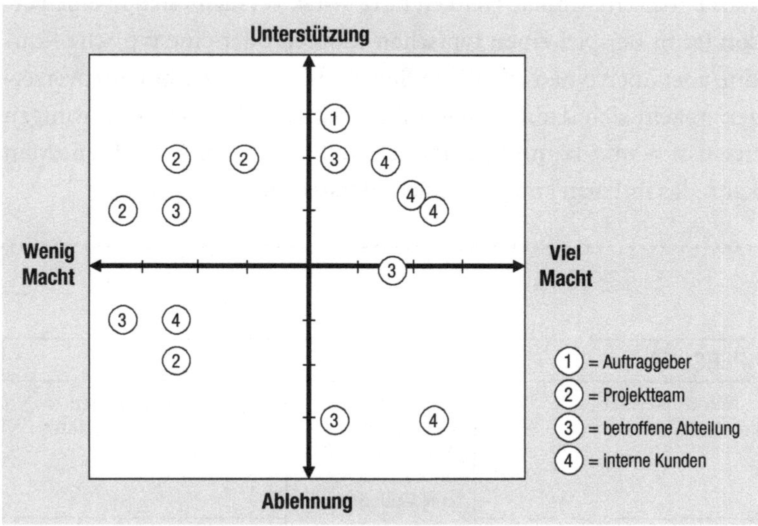

Der Vorteil dieses Vorgehens liegt darin, dass man sehr schnell einen Überblick über die Machtverhältnisse bekommt. Im Beispiel gibt es viel Unterstützung bei der Kundschaft, aber zugleich relativ viel Widerstand bei der betroffenen Abteilung. Daran schließt sich die Frage an, wo man mit Interventionen ansetzen soll. Häufig versucht man diejenigen zu überzeugen, die viel Widerstand zeigen – aber meist ohne Erfolg. Die Alternative ist, Verbündete zu suchen oder sich auf die zu konzentrieren, die im Mittelfeld liegen und sich mitnehmen lassen.

UNSER TIPP

Es gilt das Pareto-Prinzip: Mit 20 Prozent des Aufwands können Sie meist 80 Prozent der Ergebnisse generieren. Verwenden Sie also 80 Prozent Ihrer Energie auf Ihre Unterstützer oder die, die sich überzeugen lassen.

PERSONA: Während man bei der Stakeholder-Analyse rational vorgeht und sich Ziele und Verhaltensweisen überlegt, ist das aus dem Design Thinking geläufige Konzept der Persona ein Verfahren, das stärker das emotionale Denken nutzt. Man versucht, sich in eine Person (zum Beispiel einen typischen Kunden oder eine typische Kundin, aber auch einen wichtigen Stakeholder) intuitiv hineinzuversetzen, macht sich dadurch die unbewusst gespeicherten Erfahrungen bewusst – und kommt gerade dadurch zu neuen Einsichten. Man kann das in Form einer Übersicht darstellen.

METHODE: PERSONA

<table>
<tr><th colspan="3">PERSONA</th></tr>
<tr><td>Name und Alter:</td><td rowspan="4">Wie sieht die Persona aus? Malen Sie ein Bild oder kleben Sie eine Collage.</td><td>Typische Eigenschaften (Persönlichkeit, Charakter, Auftreten):</td></tr>
<tr><td>Ausbildung und Beruf:</td><td>Typische Aussagen:</td></tr>
<tr><td>Privates Umfeld (Familie, Freundinnen und Freunde, Hobbys):</td><td>Was würde die Person zu dieser Situation sagen?</td></tr>
<tr><td>Was bewegt diese Person? Was treibt sie an?</td><td>Was ist ihr wichtig?</td></tr>
<tr><td colspan="3">Ideen für das weitere Vorgehen:</td></tr>
</table>

SYSTEMVISUALISIERUNG: Mithilfe von Karten, Symbolen oder Stühlen wird die Position der einzelnen Personen räumlich dargestellt. Dabei werden Nähe und Distanz zu anderen deutlich und gegebenenfalls auch, wohin der Blick gerichtet ist und ob jemand zwischen zwei Personen steht, wie das folgende Beispiel zeigt.

BEISPIEL: DIE ZWEI GETRENNTEN TEAMS IN EINER BERATUNGSSTELLE

Die Beratungsstelle Bergheim ist aus zwei ursprünglich getrennten Beratungsstellen entstanden. Alle bisherigen Versuche, daraus ein Team zu machen, sind gescheitert. Jetzt wird das Thema im Rahmen einer Organisationsberatung nochmals aufgegriffen.

Dabei wurden Stühle als Symbole für die einzelnen Personen der Beratungsstelle gewählt (die Stühle waren mit Klebestreifen gekennzeichnet). Ein Teilnehmer stellte die Stühle im Raum so auf, wie seinem Eindruck nach die Position der einzelnen Personen tatsächlich ist. Dabei ergab sich deutlich das Bild von zwei Subsystemen, die durch zwei im Raum befindliche Säulen getrennt waren, wobei einzelne Personen versuchten, den Kontakt zum jeweils anderen System herzustellen (die Leiterin A, ihr Stellvertreter F und der Mitarbeiter A):

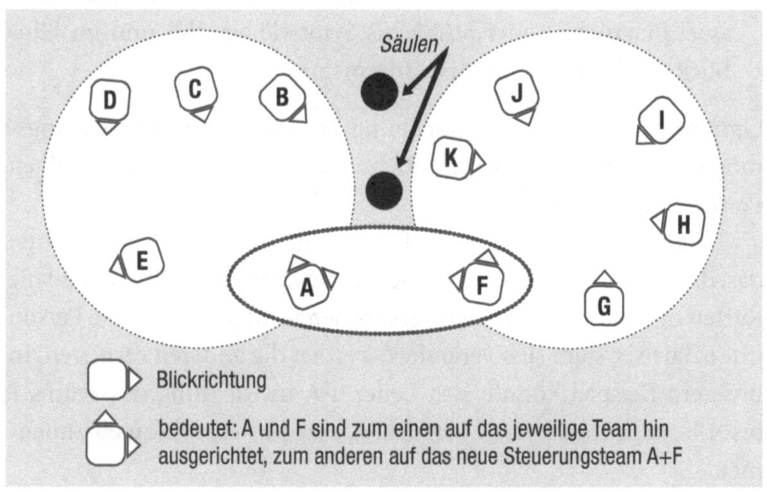

In der Lösungsphase haben dann beide Subteams gemeinsam nach Ideen gesucht. Dabei stellte sich heraus, dass sich die ursprüngliche Idee, ein gemeinsames Team zu werden, gar nicht realisieren ließ. Ergebnis war, dass beide Teams ihre Eigenständigkeit bewahren, dass aber Leiterin A und ihr Stellvertreter B ein neues System, nämlich ein Leitungsteam, bilden, das die Gesamtsteuerung übernimmt.

Hier nochmals die Hauptschritte in Anlehnung an GROW.

METHODE: VISUALISIERUNG DES SOZIALEN SYSTEMS

Goal: Zielstellung ist, die eigene Position in einem sozialen System zu bestimmen und möglicherweise abzuändern.

Reality: Hier ergeben sich folgende Schritte:

- Die Personen werden aufgelistet, die für die Themenstellung relevant sind. Hilfreich ist, die Personen kurz beschreiben zu lassen – mit dem Ziel, dass sich die Klientin oder der Klient die jeweiligen Personen vergegenwärtigt.
- Für die jeweiligen Personen werden Karten, Figuren (zum Beispiel Playmobil) oder Stühle als Symbole gewählt und im Hinblick auf Nähe und Distanz angeordnet.

Options: Die räumliche Anordnung zeigt zugleich Veränderungsmöglichkeiten auf. In welche Richtung können sich die einzelnen Personen bewegen?

In der Einzelberatung (zum Beispiel mit der Leiterin A) bedeutet das, dass nur die Klientin ihre Karte verschiebt und anschließend die Karten der anderen Personen verschoben werden: Wenn eine Person im sozialen System sich verändert, werden die anderen reagieren. In unserem Beispiel könnte sich Leiterin A in Richtung des Teams F bis K bewegen, sie könnte versuchen, eine Mittelposition einzunehmen …

In der Teamberatung kann natürlich jede Person ihre Position verändern – in unserem Beispiel: A und F haben ihre Stühle näher aneinandergestellt und damit das neue Subsystem bildlich angedeutet.

What next: Ergebnis ist ein Handlungsplan. In einer Teamberatung sagt jedes Teammitglied, was seine nächsten Schritte sind, und es werden Vereinbarungen (zum Beispiel über regelmäßige Treffen des neuen Leitungsteams) getroffen.

Die Stärke der Systemvisualisierung liegt in der Tatsache, dass die Klientinnen und Klienten ihr emotional-intuitives Wissen über die Situation in eine anschauliche Form bringen und so zu neuen Erkenntnisse gelangen.

UNSER TIPP

Insbesondere in der Einzelberatung achten Sie darauf, dass Ihr Klient beziehungsweise Ihre Klientin nicht in eine inhaltliche Diskussion verfällt, sondern lenken Sie die Aufmerksamkeit auf das Bild. Sie können das durch Fragen unterstützen: »Stimmt es, dass Sie F am nächsten stehen und dann B? …« Entsprechend: »Überlegen Sie, in welche Richtung können Sie Ihre Karte verschieben?«

TEAM- ODER ORGANISATIONSAUFSTELLUNG: Eine Alternative zur Visualisierung mit Karten, Figuren oder Stühlen ist die Team- oder Organisationsaufstellung mit realen Personen. Das Verfahren stammt ursprünglich (unter dem Begriff »Familienskulptur«) aus der Familientherapie und ist dann insbesondere durch Bert Hellinger unter dem Begriff »Familienaufstellung« oder »Organisationsaufstellung« bekannt geworden – und zugleich in Kritik geraten, weil Hellinger das Vorgehen mit sehr engen normativen Vorstellungen verknüpft.

Das Vorgehen lässt sich durchaus für Teams nutzen: Die Teammitglieder wählen einen Platz im Raum, der dem Gefühl nach ihrer Position im Team entspricht. Es können anschließend Wünsche an andere oder auch Ideen für die Veränderung der eigenen Position gesammelt werden. Damit ergibt sich folgendes Vorgehen.

METHODE: TEAMAUFSTELLUNG

Goal: Zielstellung ist auch hier, die Position der einzelnen Teammitglieder sichtbar zu machen und Möglichkeiten zur Veränderung zu finden.

Reality: Die Teammitglieder werden aufgefordert, sich entsprechend ihrer Position, die sie im Team einnehmen, im Raum aufzustellen. Erfahrungsgemäß dauert der Prozess einige Zeit, bis alle »ihren Platz« gefunden haben. Die abschließende Prozessfrage dabei lautet: »Wie geht es Ihnen in dieser Position?«

Options: Ein hilfreicher Einstieg ist, nach Wünschen zu fragen: »Was wünschen Sie sich von der Leiterin oder von anderen Personen?«

What next: Im Blick darauf, was von den anderen gehört wurde, dürfen alle Teilnehmenden einen (aber nur einen) Schritt gehen und erläutern, was das konkret bedeutet.

Solche sogenannten »analogen Verfahren« sind eine hilfreiche Möglichkeit, die Beziehungen in einem sozialen System sichtbar zu machen. Aber Vorsicht: Sie sind nicht ungefährlich, weil sie leicht starke Emotionen freisetzen können. Stellen Sie sich vor, wie es jemandem geht, der bislang glaubte, zu einer Kollegin eine gute Beziehung zu haben, und nun Anzeichen erkennt, dass sich diese Kollegin bewusst von ihm abwendet. Das bedeutet: Die Arbeit mit dieser Methode erfordert hohe Beratungskompetenz und Verantwortlichkeit. Gehen Sie nur so weit, wie Sie sicher sind, den Prozess zu einem guten Abschluss führen zu können.

UNSER TIPP

Wenn Sie mit Stühlen oder Aufstellungen mit realen Personen arbeiten möchten, arbeiten Sie sich schrittweise in das Vorgehen ein. Üben Sie es zunächst zum Beispiel in einer Lerngruppe und gewinnen Sie erst Sicherheit mit Materialien wie Karten, die größere Distanz bieten. Und erweitern Sie dann schrittweise Ihr Repertoire.

Auch zu diesem Themenkomplex gibt es zahlreiche Bücher, mit denen Sie Ihr Wissen vertiefen können. Hier eine kleine Auswahl.

LITERATURTIPP

Hilfreiche Einführungen zum Thema Stakeholder-Management sind:

- Günther, E. (2018): Stakeholder Management. Konstanz: UTB
- Krips, D. (2017): Stakeholdermanagement. Wiesbaden, Berlin: Springer

Zum Thema Systemskulptur beziehungsweise Systemaufstellung sei exemplarisch genannt:

- Daimler, R. (2019): Basics der Systemischen Strukturaufstellungen. München: Kösel

Subjektive Deutungen: unser Bild der Wirklichkeit

DIE LANDKARTE IST NICHT DIE LANDSCHAFT

BEISPIEL: HILFE, WIR WERDEN ABGEBAUT!

Das Unternehmen Meierbeer hat mit Problemen zu kämpfen. Nun ist ein neuer Geschäftsführer eingesetzt worden. Als eine der ersten Maßnahmen versucht er, verstärkt mithilfe agiler Projekte zu arbeiten.

Aber er stößt auf erbitterten Widerstand: Irgendwie kam das Gerücht auf, das Ganze diene nur dazu, Stellen abzubauen. Viele haben Angst um ihren Arbeitsplatz. Andere wehren sich: »Wir können so nicht arbeiten.« Die Motivation sinkt; gute Mitarbeitende kündigen.

Doch jetzt stellen Sie sich die Situation einmal verändert vor.

BEISPIEL: JETZT GEHT ES AUFWÄRTS!

Das Unternehmen Meierbeer hat mit Problemen zu kämpfen. Nun ist ein neuer Geschäftsführer eingesetzt worden. Als eine der ersten Maßnahmen versucht er, verstärkt mithilfe agiler Projekten zu arbeiten.

Er findet bei vielen Mitarbeiterinnen und Mitarbeitern große Zustimmung: »Endlich geht es aufwärts!«. Es macht wieder Spaß, hier zu arbeiten. Die Motivation steigt, erste Erfolge stellen sich ein.

Beide Male ist es die gleiche Ausgangssituation. Aber die Wirkungen sind unterschiedlich: Auf der einen Seite sinkende Motivation und zunehmende Probleme – auf der anderen Seite steigende Motivation und erste Erfolge.

Woran liegt das? Es liegt offenbar nicht an der »objektiven« Situation, die ist in beiden Fällen dieselbe. Ausschlaggebend ist das »Bild«, das sich die jeweiligen Personen von der Situation machen. Es liegt, so können wir systemtheoretisch formulieren, an ihren »subjektiven Deutungen«.

»Es sind nicht die Dinge, die uns beunruhigen, sondern die Bedeutung, die wir den Dingen geben«, so hat es um 100 n. Chr. der römische Philosoph Epiktet formuliert. Ähnlich formuliert Herbert Blumer, einer der bekanntesten Vertreter des Symbolischen Interaktionismus, gut 1900 Jahre später: »Menschen handeln aufgrund der Bedeutung, die sie einer Situation geben« (Bude u.a. 2013, S. 7).

Vermutlich kennen Sie das aus eigener Erfahrung:

- Wenn Sie überzeugt sind, dass Sie eine schwierige Situation (zum Beispiel einen schwierigen Workshop) erfolgreich bewältigen können, dann werden Sie sie mit hoher Wahrscheinlichkeit auch erfolgreich bewältigen.
- Wenn Sie überzeugt sind, dass Ihre Chefin etwas gegen Sie hat, dann werden Sie eher versuchen, Kontra zu geben oder sich zurückziehen – was wiederum mit hoher Wahrscheinlichkeit dazu führen wird, dass Ihre Chefin Sie zunehmend kritisiert. Sie werden damit Ihre subjektive Deutung immer wieder bestätigt bekommen. Wenn Sie auf der anderen Seite davon überzeugt sind, dass es Ihnen gelingen wird, von Ihrer Chefin akzeptiert zu werden, dann haben Sie eine gute Chance, dass Ihnen das gelingen wird.
- Wenn Mitarbeiterinnen und Mitarbeiter einerseits davon überzeugt sind, dass sie keinen Freiraum haben, dann werden sie vorhandenen Freiraum auch nicht nutzen, sondern immer nur auf Anweisungen warten. Wenn sie andererseits davon überzeugt sind, dass sie selbst gestalten können, dann besteht eine gute Chance, dass sie ihren Freiraum nutzen, ihn vielleicht sogar ausweiten.

Die Handlungsmöglichkeiten, die jeweils in den Blick kommen, hängen somit ab vom jeweiligen »Bild der Wirklichkeit«, das heißt davon, wie einzelne Personen oder eine Organisation die Situation deuten.

Die Deutung »Meine Chefin hat etwas gegen mich« ist die individuelle Deutung einer einzelnen Person. Möglicherweise erleben die Kolleginnen die Chefin ganz anders. Die in dem Eingangsbeispiel aufgeführten Deutungen »Wir werden abgebaut« oder »Jetzt geht es aufwärts« sind zunächst ebenfalls Deutungen einzelner Personen. Aber der Unterschied liegt darin, dass diese Deutungen von anderen geteilt werden. Damit lassen sich verschiedene Arten subjektiver Deutungen unterscheiden:

- *Die individuellen subjektiven Deutungen:* Welche Gedanken macht sich eine Person zur Situation? Wie erklärt sie die Situation? – Und auch: Was empfindet sie in dieser Situation?
- *Gemeinsame subjektive Deutungen, die von mehreren Personen geteilt werden.* Individuelle subjektive Deutungen können schnell zu gemeinsamen werden. Plötzlich kann in einer Organisation die Stimmung umschlagen: Bislang erschien alles unproblematisch, auf einmal sehen Einzelne alles negativ, die Stimmung verändert sich. Jochen Peter Breuer und Pierre Frot, zwei Unternehmensberater, haben in diesem Zusammenhang die Metapher »emotionale Viren« eingeführt (Breuer/Frot 2012): Wie sich Viren ausbreiten, kann sich auch eine schlechte Stimmung plötzlich ausbreiten – ebenso wie eine positive Stimmung, bei der man sich mit Begeisterung in die Arbeit stürzt und erfolgreich wird, andere »anstecken« kann.

GRUNDLEGENDE DENKMODI: RATIONALES UND EMOTIONALES DENKEN

Subjektive Deutungen haben eine rational-kognitive und eine emotional-intuitive Seite: Denken Sie an den Satz »Wir haben keinen Freiraum«. Das ist zunächst eine Feststellung, die man für wahr oder falsch halten mag. Zugleich hat diese Aussage eine emotionale Bedeutung. Was fühlen Sie, wenn Sie diesen Satz aussprechen? Vermutlich fühlen Sie sich eingeengt, unter Druck – nicht euphorisch begeistert. Vergleichen Sie das mit der Aussage »Ich kann mein Arbeitsumfeld selbst gestalten«. Diese Aussage gibt Energie, man fühlt sich beschwingt. Je nachdem, welche Aussage ich für wahr halte, werden andere Emotionen freigesetzt.

In der Psychologie unterscheidet man hier zwischen Kognition und Emotion. Kognition ist das rationale Denken. Das sind die Gedanken, die ich mir mache. Emotionen sind die Gefühle, die in dieser Situation auftreten.

RATIONALES DENKEN: Wir sind es gewohnt, eine rationale Grundhaltung einzunehmen. Häufig ist in Organisationen aber auch zu erleben, dass das rationale Denken »schiefläuft«, dass es an seine Grenzen stößt. Menschen verhalten sich in vielen Situationen irrational: Die Projektleiterin hält an einem desaströsen Projekt weiter fest, oder ein Team trifft die falsche Entscheidung für einen Dienstleister, weil es wichtige Fakten nicht berücksichtigt.

Unser rationales Denken unterliegt häufig sogenannten Biases. Das sind kognitive Verzerrungen, die auftreten, weil das menschliche Gehirn ständig Abkürzungen über *Heuristiken* nimmt (Gigerenzer/Gaissmaier 2011). Dabei handelt es sich um verkürzende kognitive Operationen, die dafür sorgen, dass wir mit großer Geschwindigkeit Entscheidungen treffen können.

Einer der wichtigsten Mechanismen ist die Verfügbarkeitsheuristik. Diese besagt, dass Menschen dazu tendieren, mental aktuell verfügbare Informationen zur Bewertung einer Situation oder zur Entscheidungsfindung zu nutzen. Ganz anschaulich heißt das in Bezug auf den Inhalt, den Sie gerade lesen: Ihr Gehirn hat gerade Informationen zum Thema Denkfehler zur Verfügung. Wenn Sie in nächster Zeit Irrationales im Verhalten Ihrer Mitmenschen entdecken, ist die Wahrscheinlichkeit hoch, dass Sie diese Informationen zur Deutung des Verhaltens heranziehen werden. Das Gehirn greift als Erstes auf die Informationen zurück, die in diesem Moment in seinem kognitiven »Arbeitsspeicher« verfügbar sind.

Für die Arbeit in Organisationen ist es hilfreich, Biases, also solche Verzerrungen im kognitiven Denken zu kennen und Ideen zu entwickeln, wie mit ihnen umzugehen ist. Sie können mit diesem Wissen antizipieren, wie Ihre Mitmenschen (und natürlich auch Sie selbst) in bestimmten Kontexten reagieren. Die folgende Tabelle zeigt eine kleine Auswahl von typischen Biases, denen wir häufig in Organisationen begegnen.

BIASES IM ORGANISATIONSALLTAG

EFFEKT	WIE FUNKTIONIERT ES?	BEISPIELE AUS ORGANISATIONEN	INTERVENTIONEN
Confirmation Bias	Wir neigen dazu, unbewusst nur die Informationen zu beachten, die unsere Ansichten bestätigen.	In jeder Organisation gibt es heterogene Protagonisten. Einige sind unverhältnismäßig leicht zu überzeugen, während andere unverhältnismäßig schwierig zu überzeugen sind, je nachdem, ob die Informationen, die wir anbieten zu ihren Ansichten passen.	Es ist wichtig, Zeit und Energie auf diejenigen zu konzentrieren, die sich überzeugen lassen. Diejenigen, die nur das sehen, was sie sehen wollen, wird man auch nicht überzeugen können.
Default-Effekt	Wir ziehen es vor, die Dinge so zu belassen, wie sie sind, und neigen dazu, Standardeinstellungen (Defaults) zu übernehmen.	Normalerweise stellen wir interne Prozesse nicht infrage.	Neue Standards (Regeln, Methoden, Prozeduren et cetera) erleichtern es uns, die Änderung zu akzeptieren und einzuhalten.
IKEA-Effekt	Wir mögen Dinge lieber, wenn wir einen hinreichenden Beitrag zu ihrer Entwicklung geleistet haben (unabhängig von der Qualität des Endergebnisses).	Der namensgebende IKEA-Konzern macht sich diesen Effekt zunutze: Wir mögen das Regal, das wir selbst gebaut haben mehr als jedes andere. Analog dazu mögen wir auch jede Veränderung lieber, die wir selbst mitgestaltet haben.	Sinnvoll ist es daher, Mitarbeitende frühzeitig in Veränderungsprozesse einzubinden, sie mitgestalten zu lassen.
Bias Blind Spot	Wir halten uns für weniger voreingenommen als andere. Wir vermuten bei anderen stärkere kognitive Verzerrungen (Biases).	Frau Hans hat in einer Weiterbildung von Denkfehlern erfahren, die alltäglich in Organisationen auftreten. Plötzlich fällt ihr auf, dass ihr Kollege Herr Neumann gleich drei Biases zeigt. Sie selbst, so ist sie überzeugt, leidet zum Glück gar nicht unter kognitiven Verzerrungen.	Das Wissen um Biases schützt uns nicht vor eigenen kognitiven Verzerrungen. Wir sollten unsere eigene Fähigkeit, rational zu handeln, nicht überschätzen, sondern die eigenen Entscheidungen reflektieren und andere Perspektiven einbeziehen.
Höchststand-Ende-Regel	Unsere Erinnerung an Erfahrungen wird in erster Linie durch bemerkenswerte Momente (Hoch- und Tiefpunkte) und das Gefühl am Ende und weniger durch das Gesamterlebnis geprägt.	Überwältigend positive oder negative Gefühle und die Empfindungen am Ende bestimmen die Erinnerung an den Beratungs- oder Veränderungsprozess.	Immer auf einen positiven und wertschätzenden Abschluss achten: »Wir haben viel erreicht.« Oder: »Uns ist einiges klar geworden.«

Ein weiterer wichtiger Faktor, der rationale Entscheidungen beeinflusst, ist das sogenannte »Noise« (Kahneman u.a. 2021). Dabei handelt es sich um die Zufallsstreuung einzelner Bewertungen: Die Bewertungen ein und derselben Person (oder mehrerer Gruppenmitglieder) sind nicht immer konsistent, sondern können – abhängig von zufälligen Faktoren – deutlich unterschiedlich ausfallen.

Eine Möglichkeit, sowohl Bias als auch Noise zu reduzieren, ist die Nutzung des »Bauchgefühls«. Echte Spezialistinnen und Spezialisten entwickeln im Laufe ihres professionellen Lebens durch ihre Erfahrungen ein Bauchgefühl, das ihnen einen Hinweis gibt, was richtig ist. Vor allem: Seien Sie sich der kognitiven Verzerrungen bewusst, denen auch Sie erliegen können.

EMOTIONALES DENKEN: Kognitionen und Emotionen sind zwei unterschiedliche Signalsysteme, die uns helfen, uns in der Welt zurechtzufinden. Das menschliche Gehirn hat neben dem rationalen, langsam-überlegenden Denken das schnelle emotional-intuitive Denken als eigenen Verarbeitungsmodus entwickelt (Kahneman 2019).

Dies vor allem darauf zurückzuführen, so eine Erklärung der Neurobiologie, dass der urzeitliche Mensch in seiner lebensbedrohlichen Umgebung ständig akuten Gefahren ausgesetzt war, die durch langsames Überlegen nicht bewältigbar waren. Ein Höhlenmensch konnte nicht lange überlegen, wenn ein Raubtier vor seiner Höhle stand, sondern musste schnell entscheiden. Im Grunde erleben wir die gleiche Situation, wenn wir Auto fahren. Innerhalb von Millisekunden reagiert unser Sinnesapparat auf plötzlich auftretende Gefahren und kann Gegenmaßnahmen einleiten.

Emotionen, so formuliert der kanadische Psychotherapieforscher Lesley S. Greenberg (2006, S. 31), »sind ein Signal an uns selbst […], bereiten uns auf Handlungen vor […], zeigen, ob die Dinge so verlaufen, wie man es gerne möchte […] senden Signale an andere«.

Sie kennen das aus dem Alltag: Haben sie nicht auch schon die Erfahrung gemacht, dass Sie bei einer Entscheidung, die rational absolut plausibel war, ein schlechtes Gefühl hatten? Häufig hatte dann im Nachhinein das Bauchgefühl recht.

Antonio Damasio, einer der einflussreichsten Neuropsychologen, hat dafür den Begriff der »somatischen Marker« eingeführt (Damasio 2004). Somatische Marker sind so etwas wie eine Ampel mit »Stopp!« und »Go!« (Storch 2018), vielleicht noch als drittes: »Nimm dir Zeit zum Nachdenken!« Im limbischen Teil des Gehirns wird die gegenwärtige Situation mit den Erfahrungen verglichen, die im intuitiven Erfahrungsgedächtnis angesammelt sind. Das Ergebnis ist dann ein Signal: »Stopp«, »Go«, »Nimm dir Zeit zum Nachdenken!«

Andererseits: Auch Emotionen können sich täuschen. Panik kann übertrieben sein, das Gefühl der Hilflosigkeit überzogen. Von daher gilt: Die emotionalen Signale wahrnehmen, die Botschaft der Emotionen entschlüsseln, aber auch – dann wieder rational – überprüfen, ob diese Emotionen gerechtfertigt sind. Daraus ergeben sich folgende Schritte.

METHODE: ENTSCHEIDUNGEN MIT BEIDEN SYSTEMEN TREFFEN

- Wägen Sie das Für und Wider der Entscheidung ab. Notieren Sie Argumente, die Sie für die jeweilige Option als relevant betrachten.
- Lassen Sie sich etwas Zeit, »überschlafen« Sie die Entscheidung. Sie geben damit Ihrem emotionalen Denken die Möglichkeit, die verschiedenen Argumente mit dem impliziten Erfahrungswissen abzugleichen.
- Achten Sie dann auf Ihr Bauchgefühl:
  - Wenn Sie ein gutes Gefühl haben, heißt das okay, Sie können entsprechend vorgehen.

- Wenn Sie ein schlechtes Gefühl haben, dann gilt erst einmal »Stopp!«. Analysieren Sie die Situation nochmals: Haben Sie etwas übersehen? Gibt es vielleicht andere Lösungsmöglichkeiten?

- Checken Sie abschließend die Entscheidung nochmals emotional ab. Wenn Sie auf beiden Ebenen ein positives Signal erhalten, heißt das »Go«.

LITERATURTIPP

Zu den Ansätzen aus der Tradition der kognitiven Psychologie und Verhaltenstherapie geben eine gute Übersicht:

- Strobach, T. (2020): Kognitive Psychologie. Stuttgart: Kohlhammer

Zum Umgang mit Emotionen empfehlen wir folgende Bücher:

- Barnow, S. (2018): Gefühle im Griff! Wozu man Emotionen braucht und wie man sie reguliert. 3. Auflage. Berlin: Springer
- Berking, M. (2017): Training emotionaler Kompetenzen. 4. Auflage. Berlin, Heidelberg: Springer

SUBJEKTIVE DEUTUNGEN VERÄNDERN

Kognitive und emotionale subjektive Deutungen sind hilfreich, aber beide können ebenso hinderlich sein. Die Annahme »Wir können nichts verändern« kann falsch sein, das Gefühl der Ohnmacht überzogen. Damit wird der Umgang mit subjektiven Deutungen zu einem Thema systemischer Organisationsberatung. Es gilt, die Organisation oder einzelne Personen zu unterstützen,

- sich ihrer unterschiedlichen oder gemeinsamen Deutungen bewusst zu werden und
- sie dabei zu begleiten, hinderliche subjektive Deutungen zu verändern.

Dass das keine leichte Aufgabe ist, wissen Sie sicherlich aus eigener Erfahrung. Schon eine unvorsichtig formulierte E-Mail kann Spannungen auslösen. Dann reicht eine kurze Ansprache an die Mitarbeitenden in der Regel nicht aus, um die entstandene negative Stimmung im Unternehmen aufzulösen. Aber wir wissen sehr wohl, dass Menschen ihre Kognitionen und auch ihre Emotionen verändern können.

Doch wie lassen sich subjektive Deutungen verändern? Grundsätzlich gibt es hier drei Ansatzpunkte: die kognitive Ebene, die emotionale Ebene und die Veränderung durch praktisches Tun.

DIE KOGNITIVE EBENE: Argumente und Begründungen können als Anstoß für die Veränderung subjektiver Deutungen durchaus hilfreich sein. Wenn klar kommuniziert wird, dass sich die Organisation verändern muss, um zu überleben, ist das sicherlich ein Anstoß, die eigene bisherige Einstellung, »Wir lassen alles beim Alten« zu überdenken. John P. Kotter (2013, ursprünglich 1996) führt als einen der zentralen Faktoren für erfolgreiche Veränderungen die »Einsicht in die Notwendigkeit« an: Wenn klar wird, dass ich mich verändern muss, beginne ich, mich darauf einzustellen. An die Stelle von »Vielleicht komme ich darum herum« tritt »Ich muss mich darauf einstellen«. Sie können das im Beratungsprozess unterstützen.

DIE EMOTIONALE EBENE: Vielleicht haben Sie auch schon die Erfahrung gemacht: Wenn die Beziehung gut ist, ist man eher bereit, seine Sicht der Dinge zu verändern. Auf das genannte Beispiel bezogen: Wenn Mitarbeiterinnen und Mitarbeiter das Gefühl haben, dass ihre Arbeit wertgeschätzt wird, sind sie eher bereit, sich auf Veränderungen einzulassen.

Dieser Ansatz geht ursprünglich auf das Konzept der Humanistischen Psychologie zurück. Entwicklung (und dazu gehört auch die Veränderung subjektiver Deutungen), so die zentrale These, wird durch die Grundhaltungen der Wertschätzung, der Empathie und der Authentizität unterstützt. In diese Richtung geht die Unterscheidung zwischen Inhalts- und Beziehungsebene von Friedemann Schulz von Thun (1998, S. 25 ff.): Wenn es nicht gelingt, Konflikte auf einer inhaltlichen Ebene zu lösen, liegt die Ursache häufig auf der Beziehungsebene: Die andere Person fühlt sich nicht wertgeschätzt, nicht in ihrem Anliegen verstanden et cetera.

Wertschätzung zu geben, Verständnis für den anderen zu zeigen, aber dabei auch authentisch zu sein, führt meist dazu, dass das Gegenüber offen wird für neue Gedanken und Ideen, dass es bereit wird, die eigenen Überzeugungen zu verändern. Sie können als Beraterin oder Berater diese Haltungen vorleben, Sie können das System unterstützen, eine Kultur der Wertschätzung zu entwickeln – das alles steigert die Bereitschaft, offen für die Veränderung der eigenen subjektiven Deutungen zu werden.

DIE HANDLUNGSEBENE: Nehmen wir an, Sie hatten lange Zeit Abneigung gegenüber Joggen. Aber eine gute Freundin lädt Sie ein, bei einer Laufgruppe mitzumachen. Sie tun es, aus dem einen Mal werden mehrere Male – und am Schluss macht Ihnen das Laufen Spaß. Ihre Einstellung hat sich geändert: nicht, weil Ihnen andauernd jemand erklärt hat, dass Laufen gesund ist, sondern, weil Sie es einfach getan haben.

Ein anderes Beispiel ist die Einführung agilen Arbeitens: Im Vorfeld findet sich bei vielen Organisationen Ablehnung: »Das passt nicht für uns!« Ein Scrum-Master würde hier nicht versuchen, auf kognitiver Ebene (zum Beispiel durch intensives Argumentieren) eine Änderung der subjektiven Annahmen zu erreichen. Sondern er wird eher vorschlagen, mit einem Piloten oder einem agilen Spiel zu starten. Die Teammitglieder machen dann in der Regel die Erfahrung, dass agiles Arbeiten Spaß macht und Ergebnisse liefert. Subjektive Deutungen haben sich dadurch geändert, dass man es einfach getan hat!

Ein Konzept, das ebenfalls in diese Richtung zielt, ist die »Nudge-Theorie« von Richard H. Thaler und Cass. R. Sunstein (2020) mit der These, dass kleine Anstöße (»Nudges«) dazu dienen können, Verhalten in eine bestimmte Richtung zu lenken: Werden Obst und Salate in einer Kantine beispielsweise auf Augenhöhe positioniert, greifen die Angestellten eher dazu. Gut ausgebaute Radwege und fehlende Parkplätze für Autos können ein Anschubser sein, das Fahrrad anstelle des Autos für die Fahrt ins Büro zu nehmen. Grundgedanke dahinter ist die These, dass Menschen in vielen Fällen die »leichtere« oder »naheliegende« Entscheidung treffen, anstelle einer, die mit höherem Aufwand verbunden ist. Auf dieser Basis lassen sich nach und nach ihre subjektiven Deutungen verändern.

Hier nochmals die unterschiedlichen Ebenen im Überblick.

INFO: VERÄNDERUNG SUBJEKTIVER DEUTUNGEN AUF UNTERSCHIEDLICHEN EBENEN

- *Veränderung auf der Ebene der Kognitionen:* Welche Argumente können Sie nutzen, um die Notwendigkeit der Veränderung aufzuzeigen? Welche Argumente würden die Adressaten überzeugen? Welche Fakten können Sie als Beleg anführen? Wie können diese Argumente präsentiert werden? Wie kann immer wieder daran erinnert werden?
- *Veränderung auf der Ebene der Emotionen:* Wie können im System Wertschätzung, Empathie und Authentizität verstärkt werden? Sie können diese Grundhaltungen als Prinzip für einen Workshop (zum Beispiel zum Thema Teamentwicklung) nutzen, aber ebenso im Rahmen eines Einzelcoachings. Schließlich: Wie können diese Grundhaltungen »verankert« werden? Welche Bilder, welche Geschichten, welche Rituale können die Beteiligten unterstützen?

- *Veränderung auf der Verhaltensebene:* Wie können Strukturen und Prozesse eingerichtet werden, die neues Denken fordern? Können zum Beispiel selbstorganisierte Teams eingerichtet werden, die von selbst dazu führen, dass die Teammitglieder mehr Verantwortung übernehmen?

Veränderung einer Organisation, so lässt sich zusammenfassen, ist immer Veränderung des jeweiligen Bildes der Wirklichkeit, ist »Referenztransformation«, ist Veränderung des Rahmens, innerhalb dessen die jeweilige Person die Wirklichkeit betrachtet. Drei Vorgehensweisen, die im Rahmen systemischer Organisationsberatung besonders wichtig sind, möchten wir Ihnen hier vorstellen: Neubewertung, Perspektivwechsel, Steigerung der Selbstwirksamkeit.

NEUBEWERTUNG – DEN BLICK AUF DAS POSITIVE RICHTEN: Sie kennen sicherlich den Satz mit dem halbleeren oder halbvollen Glas: Es ist die jeweilige Perspektive, die den Unterschied macht.

BEISPIEL

Die Teammitglieder sehen nur das Negative und beklagen ihr Schicksal. Die Stimmung ist gedrückt. Es wird übersehen, was das Team in den letzten Monaten trotz allem erreicht hat.

Rational würde allen vermutlich schnell klar, dass dieses Bild der Wirklichkeit ein einseitiges ist. Aber die Deutung der Situation beeinflusst das Handeln: Es wird das Negative beklagt, es fehlt die Energie, neue Lösungen zu entwickeln. Konsequenz für Organisationsberatung ist, das Team (oder eine einzelne Person oder eine Organisation) zu unterstützen, den Blick auf das Positive zu richten. Sie können das am besten wieder durch Fragen unterstützen.

METHODE: PROZESSFRAGEN NEUBEWERTUNG

- Was ist bereits erreicht?
- Zwischen 0 und 100: Was haben wir bereits erreicht? Was können wir tun, um zehn Prozent weiterzukommen?
- Wo liegen die Stärken des Einzelnen, des Teams, der Organisation?
- Was waren die Ressourcen, die dem Team geholfen haben, Erfolge zu erzielen oder Herausforderungen zu bewältigen?
- Was ist das Positive an der Situation?
- Was können wir aus den bisherigen Misserfolgen lernen?
- Stellen Sie sich vor, das Team ist ein Spitzenteam geworden: Was ist dann anders? Was hat dazu geführt? Was haben Sie getan, um das zu erreichen?

Sie können diese Fragen (entsprechend angepasst) in der Einzelberatung, im Team oder im Rahmen von größeren Prozessen stellen. Sie können zum Beispiel in wöchentlichen Statusgesprächen des Teams oder im Review bei Projekten die Aufmerksamkeit in erster Linie auf die Erfolge richten und die Ressourcen, die dazu geführt haben. Sie können Erfolge dokumentieren (auf einer Schautafel oder im Intranet) und feiern – und Sie setzen auf diese Weise die im Team vorhandene Energie und Kreativität frei.

Eine Methode, die wir in Workshops gern verwenden ist, das von David Cooperrider entwickelte »Appreciative Inquiry« (zur Bonsen/Maleh 2012).

METHODE: APPRECIATIVE INQUIRY

Teammitglieder tauschen sich in Zweier- oder Dreiergruppen anhand folgender Fragen aus:

- Erzählen Sie von Ihrer Anfangszeit im Team, in der Organisation: Was hat Sie damals am Team, Ihrer Organisation begeistert?

- Was waren die positiven Highlights in Ihrer Zeit in der Organisation?
- Was sind die Schlüsselfaktoren, die der Organisation Vitalität und Stärke geben?

In Dreiergruppen kann eine Teilnehmende die zentralen Ergebnisse (insbesondere zur dritten Frage) auf Karten mitschreiben, und Sie können die Ergebnisse zusammentragen.

PERSPEKTIVWECHSEL – SICH IN DIE POSITION DES ANDEREN VERSETZEN: Jede Person hat eine bestimmte Perspektive. Häufig fällt es schwer, die Perspektive des anderen nachzuvollziehen: »Es wäre ganz einfach, wenn mein Vorgesetzter sich ändern würde« – aber es wird übersehen, dass der Vorgesetzte die Situation ganz anders wahrnimmt und bewertet. Hier fehlt, die Perspektive des anderen oder eine Perspektive von außen zu übernehmen. Eben das können Sie in der Beratung unterstützen.

METHODE: PROZESSFRAGEN PERSPEKTIVWECHSEL

- Versetzen Sie sich in die Lage Ihres Kollegen/Ihrer Vorgesetzten …: Wie würde sie oder er die Situation beschreiben beziehungsweise beurteilen? Welches Gefühl würde sie oder er haben?
- Wie würde eine außenstehender Beobachterin, Ihre Mentorin, vielleicht auch Walt Disney oder … die Situation beschreiben? Was würde sie oder er vorschlagen?
- Stellen Sie sich vor, es sind zwei Jahre vergangen und das Problem hat sich gelöst: Wie würden Sie dann über die heutige Situation denken?

Sie können diesen Perspektivwechsel unterstützen, indem Sie zum Beispiel in der Einzelberatung einen leeren Stuhl hinstellen und Ihren Klienten beziehungsweise Ihre Klientin auffordern, sich auf den

Stuhl des Gegenübers zu setzen: »Was würde Ihnen als Herr x durch den Kopf gehen, wenn Sie das hören?« Sie können auch ein Symbol für das Problem in die Mitte stellen und Ihre Gesprächspartnerin einige Schritte zurücktreten lassen und sagen: »Wenn Sie jetzt die Situation aus der Distanz betrachten ...« Oder Sie können einzelne Personen bestimmte Situationen aus der anderen Perspektive erzählen lassen: »Stellen Sie sich vor, Sie sind jetzt Ihre Mitarbeiterin und Sie unterhalten sich mit einem Kollegen über Ihre Führungskraft.«

STEIGERUNG DER SELBSTWIRKSAMKEIT: Vermutlich haben Sie auch schon die Erfahrung gemacht: Man fühlt sich hilflos, meint, nichts gestalten zu können – und übersieht dabei die Möglichkeiten, die man tatsächlich hat.

BEISPIEL: DIE MITARBEITENDEN ÜBERNEHMEN KEINE VERANTWORTUNG

Die Direktorin einer größeren Forschungseinrichtung klagt darüber, dass die Mitarbeitenden keine Verantwortung übernehmen: Sie beharren auf dem Bisherigen, es kommen von ihnen keine Ideen, sie verändern nichts in ihrem Arbeitsbereich. Auf die Frage, woran das liegt, antworten die Mitarbeitenden nahezu stereotyp immer auf die gleiche Weise: »Erst muss die Leiterin genau sagen, was sie von uns erwartet – vorher können wir nichts tun!«

Dieses Beispiel ist kein Einzelfall. Auf der einen Seite werden zunehmend eigenständiges Handeln und Eigenverantwortung gefordert. Auf der anderen Seite beklagen sich Mitarbeiterinnen und Mitarbeiter immer wieder, dass sie eigentlich gar nicht handeln können,

- weil sie keine klaren Vorgaben haben,
- weil ohnehin die Leitung alles entscheide,
- weil meistens alles unklar ist.

Die Erwartung, »die da oben« müssen erst einmal Klarheit schaffen, ist eine Illusion. Jeder, der mit Führungskräften arbeitet oder selbst Führungserfahrung hat, weiß, dass »da oben« genauso wenig Klarheit herrscht, dass für die Leitungsebene die Situation ebenso »VUKA« ist. VUKA zu bewältigen, kann nicht zentral gesteuert werden, sondern erfordert Eigenverantwortung auf allen Ebenen. Nur: Wie lässt sich Eigenverantwortung fördern – und was kann systemische Organisationsberatung dazu beitragen?

Das Konzept, das wir hierfür zugrunde legen können, ist das Konzept der Selbstwirksamkeit (genauer Selbstwirksamkeitserwartung), das der Sozialpsychologie Albert Bandura (1997) in den 1970er-Jahren entwickelt hat.

Selbstwirksamkeit ist die Überzeugung, aus eigener Kraft Herausforderungen bewältigen zu können. Personen mit geringer Selbstwirksamkeit setzen sich häufig zu niedrige oder zu hohe Ziele, sind wenig motiviert, geben bei Misserfolgen schnell auf. Hohe Selbstwirksamkeit steigert die Motivation, führt zu besseren Ergebnissen und hat schließlich positive Auswirkungen auf die Gesundheit.

Bandura (1997) hat vier Faktoren aufgelistet, die die Selbstwirksamkeit steigern:

- eigene Erfahrungen
- stellvertretende Erfahrung aufgrund von Beobachtung
- Ermutigung und Zuspruch durch andere
- positive Emotionen

Doch was heißt das konkret? Im Folgenden haben wir dazu einige mögliche Vorgehensweisen dargestellt.

METHODEN ZUR STÄRKUNG DER SELBSTWIRKSAMKEIT

Ausgangspunkt für alle Vorgehensweisen ist die Feststellung, dass jede Person im Laufe des Lebens immer auch schwierige Situationen bewältigt oder Erfolge erreicht hat und dafür die erforderlichen Ressourcen besitzt, die aber im Laufe der Zeit »verschütt« gegangen sind. Grundprinzip ist damit, die Erfahrungen der Selbstwirksamkeit den Betreffenden bewusst zu machen. Möglichkeiten können sein:

- *Durch Prozessfragen* die Aufmerksamkeit auf die Selbstwirksamkeit lenken, zum Beispiel kann gefragt werden: »Sie haben sicherlich schon schwierige Situationen bewältigt und Erfolge erreicht. Wenn Sie sich daran erinnern, was waren die Faktoren, die Ihnen dabei geholfen haben?«
- *Die eigene Biografie* im Blick auf Selbstwirksamkeit durchgehen: »Sie haben im Laufe Ihres Lebens sicherlich Höhen und Tiefen gehabt. Was hat Ihnen geholfen, die Höhen zu erreichen beziehungsweise Tiefen zu überwinden?«
- *Ein Erfolgstagebuch führen:* »Schreiben Sie für jeden Tag eine Situation auf, wo Sie etwas geschafft haben. Wichtig ist dabei, dass Sie nur positive, aber keine negativen Situationen aufschreiben. Und von Zeit zu Zeit lesen Sie Ihr Erfolgstagebuch durch.« Entsprechend könnte das Team eine Erfolgschronik anlegen: Jeden Tag schreibt jemand eine erfolgreiche Situation auf.
- *Im Team »Selbstwirksamkeits-Interviews« führen:* Die Teilnehmenden interviewen sich wechselseitig, was sie geschafft haben und welche Faktoren dazu geführt haben.
- Und schließlich gilt auch hier: Erfolge bewusst machen und feiern, Anerkennung und Wertschätzung geben.

Selbstwirksamkeit ist ein entscheidender Erfolgsfaktor. Wenn ein Team eine Organisation sich als selbstwirksam erfahren, ist damit ein entscheidender Schritt zur Veränderung getan.

THEORETISCHER HINTERGRUND UND LITERATUR

Die Veränderung subjektiver Deutungen (einschließlich der hier beschriebenen Vorgehensweisen) ist gemeinsames Grundprinzip zahlreicher Ansätze in der Tradition der Verhaltenstherapie oder der Humanistischen Psychologie. Im Einzelnen sind zu nennen:

- die »kognitive Umstrukturierung« aus der Tradition der kognitiven Verhaltenstherapie
- die lösungsorientierte Therapie und Beratung im Anschluss an Steve de Shazer mit der Forderung, die Aufmerksamkeit nicht auf die Probleme, sondern auf das Erreichte und die Lösungen zu richten
- die Positive Psychologie im Anschluss an Martin Seligman und das darauf basierende Konzept »Positive Leadership«
- schließlich das Konzept der Resilienz nach den Untersuchungen von Emmy Werner bei Kindern, die trotz schwieriger Bedingungen sich zu lebenstüchtigen Menschen entwickelt haben. Sie führt das auf verschiedene Resilienzfaktoren zurück wie Selbstwirksamkeit oder die Fähigkeit, in Situationen das Positive zu sehen.

LITERATUR

- Einsle, F./Hummel, K.V. (2015): Kognitive Umstrukturierung. Hrsg: Peter Neudeck. Weinheim, Basel: Beltz
- Bamberger, G.G. (2015): Lösungsorientierte Beratung. Weinheim, Basel: Beltz
- Ebner, M. (2019): Positive Leadership. Wien: facultas

Praktische Anregungen finden Sie auch in folgenden »Erfolgstagebüchern«:

- Härtl-Kasulke, C. (2017): Mein Erfolgstagebuch. Weinheim, Basel: Beltz
- Wellensiek, S. K. (2020): Logbuch Resilienz. Weinheim, Basel: Beltz
- Götzfried, A. (2022): Logbuch Emotionale Intelligenz. Weinheim, Basel: Beltz

Werte

BEISPIEL: WERTEUNTERSCHIEDE IN TEAMS

Im Team prallen immer wieder verschiedene Auffassungen aufeinander: Einigen der Mitarbeitenden geht alles zu langsam. Sie fordern mehr agiles und selbstständiges Arbeiten. Andere dagegen sehen darin die Gefahr: »Wir haben doch bewährte Abläufe, das müssen wir doch nicht durcheinanderbringen. Das führt nur zu Chaos!«

Hier prallen zwei Welten aufeinander: Auf der einen Seite wird selbstständiges, agiles Arbeiten proklamiert, auf der anderen Seite das Beibehalten an Bewährtem. Dahinter stehen unterschiedliche Wertvorstellungen: Selbstbestimmung und Konformität.

Werte, so lässt sich in Anlehnung an Schwartz (2007, S. 170 f.) definieren, sind

- grundlegende Bewertungs- und Handlungsschemata, die Orientierung geben.
- Sie übersteigen spezifische Handlungen und Situationen. Sorgfalt ist ein Wert, der das Handeln in vielen Situationen leitet.
- Werte sind überwiegend emotional gespeichert. Wenn Bewahrung von Bewährtem für mich zentraler Wert ist, muss ich in konkreten Situationen nicht nachdenken – ich werde mich intuitiv an vorgegebene Regeln halten.
- Werte sind zunächst individuelle Werte. Im Beispiel favorisieren einige im Team die Werte Selbstbestimmung und andere die Bewahrung von Bewährtem (Tradition).
- Werte sichern den Zusammenhalt eines sozialen Systems. Der Wert Hilfsbereitschaft kann ein ganzes Team auszeichnen – und es führt zu Konflikten, wenn Einzelne andere Werte (zum Beispiel Selbstbestimmung) in den Vordergrund stellen.

- Daraus ergibt sich ein abschließendes Merkmal: Menschen haben mehrere Werte, die nach individueller Wichtigkeit geordnet sind.

Ein hilfreiches Modell ist in diesem Zusammenhang die Theorie universeller menschlicher Werte von Shalom H. Schwartz, einem israelischen Psychologen. Die Grundannahme (Schwartz u. a. 2012) besagt, dass alle Menschen bestimmte universelle Werte teilen, die sich jedoch von Kultur zu Kultur und von Mensch zu Mensch in Bezug auf ihre relative Wichtigkeit unterscheiden. Im Einzelnen unterscheidet Schwartz 19 basale Werte, die sich für praktisches Arbeiten auf zwölf Hauptwerte zusammenfassen lassen:

WERT	BEGRIFFLICHE DEFINITION (SCHWARTZ U. A. 2012, S. 664, EIGENE ÜBERSETZUNG)
Wohlwollen	Ein zuverlässiges und vertrauenswürdiges Mitglied der Gruppe sein; Hingabe an das Wohlergehen der Gruppe
Universalismus	Engagement für Gleichheit, Gerechtigkeit und Schutz für alle Menschen; Bewahrung der natürlichen Umwelt; Akzeptanz und Verständnis für diejenigen, die anders sind
Selbstbestimmung	Freiheit, das eigene Handeln zu bestimmen und die eigenen Ideen und Fähigkeiten zu entfalten
Stimulation	Aufregung, Neuheit und Veränderung
Hedonismus	Vergnügen und sinnliche Befriedigung
Leistung	Erfolg nach gesellschaftlichen Maßstäben
Einfluss	Macht, Ausübung von Kontrolle über Menschen oder über materielle und soziale Ressourcen
Gesicht wahren	Aufrechterhaltung des eigenen öffentlichen Ansehens; Vermeidung von Demütigungen
Sicherheit	Sicherheit und Stabilität in der unmittelbaren und der weiteren gesellschaftlichen Umgebung.
Tradition	Aufrechterhaltung und Bewahrung kultureller, familiärer oder religiöser Traditionen
Konformität	Einhaltung von Regeln, Gesetzen und formalen Verpflichtungen; Vermeidung der Verärgerung oder Schädigung anderer Menschen
Demut	Erkennen der eigenen Unbedeutsamkeit im Gesamtbild der Dinge

Gegensätzliche Werte von Teammitgliedern führen häufig zu Konflikten oder dazu, dass das Team keinen gemeinsamen Modus der Zusammenarbeit findet. Ein Team und eine Organisation benötigen zumindest bis zu einem gewissen Grad ein gemeinsames Werteverständnis, um überhaupt produktiv zusammenarbeiten zu können. Damit wird das Thema Werte zu einem Thema systemischer Organisationsberatung:

- *Klärung von Werten:* einzelne Personen beziehungsweise soziale Systeme unterstützen, sich über ihre Werte und die Rangordnung zwischen den Werten klar zu werden, Gemeinsamkeiten und Unterschiede zu erkennen
- *Entwicklung und Implementierung gemeinsamer Werte:* soziale Systeme unterstützen, gemeinsame Werte zu entwickeln und diese Werte zu leben

WERTKLÄRUNG: Die naheliegendste Möglichkeit ist, Klienten oder das Team nach Werten zu fragen. Das kann direkt erfolgen oder indem man nach Situationen fragt, in denen Werte zutage treten.

METHODE: PROZESSFRAGEN ZUR ERFASSUNG VON WERTEN

- Was sind die Werte, die für Sie persönlich besonders wichtig sind?
- Welche Werte werden von Ihren Kolleginnen und Kollegen oder im Team tatsächlich gelebt?
- Was wäre ein Grund zu kündigen oder eine Stelle oder ein Projekt nicht anzunehmen? Welche Werte stehen für Sie dahinter?
- Was sind Tätigkeiten, die Sie gern und immer wieder tun? Welche Werte stehen dahinter?

Eine gute Möglichkeit bieten Wertekataloge: Einzelne Teammitglieder können die für sie wichtigen Werte auswählen, und sie in einer Reihenfolge anordnen – so werden Gemeinsamkeiten und Unterschiede im Team deutlich.

ENTWICKLUNG UND IMPLEMENTIERUNG GEMEINSAMER WERTE: Um erfolgreich miteinander arbeiten zu können, ist für ein soziales System ein zumindest im Wesentlichen übereinstimmendes Wertesystem notwendig. Das ist auf der einen Seite bisweilen schwierig, denn Werte lassen sich nicht ohne Weiteres von außen verändern. Auf der anderen Seite verändern sich Werte sehr wohl, zum Beispiel mit der persönlichen Entwicklung. Werte können sich auch durch plötzliche Ereignisse verändern: Ein Schlaganfall schiebt den Wert Einfluss in der Wertepriorität plötzlich weit nach hinten. Werte können sich schließlich in einem Team oder einer Organisation weiterentwickeln. Hierzu einige Anregungen.

METHODE: IMPLEMENTIERUNG VON WERTEN

- Der erste Schritt ist in der Regel, für unterschiedliche Wertehaltungen sensibel zu sein. Welche Werte haben die Mitarbeitenden? Wo gibt es Gemeinsamkeiten? Wo existieren Unterschiede? Das kann im Rahmen eines Teamworkshops geschehen oder innerhalb eines umfangreichen Werteprozesses.
- Welche Werte benötigt das soziale System für die anstehenden Herausforderungen? Tradition kann in einer VUKA-Welt vermutlich nicht der vorherrschende Wert sein – zugleich ist bei jeder Veränderung immer auch Tradierung von Bestehendem notwendig.
- Unterschiedliche Werte können zu Belastungen und Konflikten führen, aber sie können sich ebenso sinnvoll ergänzen. Ein Team benötigt neben Teammitgliedern, die das Schwergewicht auf Veränderung legen, auch solche, die die Tradition und klare Prozesse betonen.
- Bestimmte Werte können unabhängig von der individuellen Wertehierarchie als gemeinsame Basiswerte (also Werte, die auf jeden Fall im oberen Bereich angesiedelt werden) definiert werden. Das können zum Beispiel Werte sein wie Wertschätzung (Schwartz

spricht hier von Wohlwollen) oder Toleranz (Universalismus) gegenüber anderen Auffassungen.

- Man kann zumindest bis zu einem gewissen Grad Werte durch Regeln stützen. Das geschieht zum Beispiel im Straßenverkehr, wenn der Wert »Rücksicht auf andere« durch konkrete Regeln (Überholverbot, Zebrastreifen ...) gestützt wird – was aber immer nur bis zu einem bestimmten Grad gelingt.
- Wenn Werte emotional gespeichert sind, bedeutet das, dass sie emotional verankert werden müssen. Das kann durch Bilder geschehen, durch gemeinsame Symbole oder durch Rituale.
- Schließlich: Entscheidend und oft wirksamer als umfangreiche Werteprojekte ist das Vorleben der Werte. Wenn eine Führungskraft Wertschätzung vorlebt, wirkt sich das unmittelbar auf das Gegenüber aus. Wertschätzung zu geben, führt in der Regel dazu, dass auch von anderen mehr Wertschätzung gegeben wird.

Werte ist ein klassisches Thema in den Sozialwissenschaften. Entsprechend umfangreich ist die Literatur. Im Folgenden begrenzen wir uns auf einige Einführungen und Übersichten.

LITERATURTIPP

Als allgemeine Einführung können Sie Folgendes lesen:

- Schwartz, S.H. (2012): An Overview of the Schwartz Theory of Basic Values. Online readings in Psychology and Culture, 2(1): https://core.ac.uk/download/pdf/10687025.pdf [09.02.2022]
- Neyer, F.J./Asendorpf, J. (2018): Psychologie der Persönlichkeit. 6. Auflage. Berlin: Springer
- Eberhardt, D. (2021): Generationen zusammen führen. 3. Auflage. Freiburg: Haufe
- Besser, R. (2020): ... dann führen wir mal Werte ein ... In: Werther, D. (Hrsg.): Mission – Vision – Werte. 2. Auflage. Weinheim, Basel: Beltz

Eine »spielerische« Möglichkeit, die Reihenfolge der Werte zu klären, ist:

- Werte in Bewegung (2021). Kartenset WIBK. https://www.wibk.net/blog/werte-in-bewegung [09.02.2022]

Soziale Regeln

BEISPIEL: WARUM KÜNDIGEN UNSERE MITARBEITENDEN?

Der Leiterin des Internats Sonnenhügel fällt auf, dass ein hoher Prozentsatz der Mitarbeitenden nach etwa acht bis zwölf Monaten wieder kündigt. Dabei gibt sich die Internatsleitung alle Mühe, ein positives Arbeitsklima zu etablieren. Doch irgendetwas läuft hier schief.

Es wird eine Organisationsberaterin beauftragt. Sie führt Interviews durch und macht eine interessante Entdeckung: In diesem Internat, einer sozial ausgerichteten Einrichtung, gilt die Regel »Wir sind immer für die Jugendlichen da!«. Im Grundsatz ist das eine positive Regel (und Teil des Selbstverständnisses des Internats) – aber sie hat negative Konsequenzen:

Stellen Sie sich vor, Sie arbeiten in diesem Internat. Nach einem anstrengenden Arbeitstag sind Sie zu Hause (die meisten Mitarbeitenden wohnen auf dem Gelände), möchten die Füße hoch legen und in Ruhe fernsehen. Plötzlich klingelt es, ein Jugendlicher steht vor Ihnen mit einem Anliegen, das auch am nächsten Tag hätte gelöst werden können. Sie möchten ihn am liebsten rauswerfen – aber nein, Sie nehmen die Regel »Wir sind jederzeit für die Jugendlichen da« ernst. Und Sie werden (vermutlich innerlich zähneknirschend) auf ihn eingehen – und als das Problem gelöst ist, ist der Abend gelaufen. Wie lange halten Sie das durch?

Das Beispiel macht deutlich: Probleme – oder allgemein die Situation in einem sozialen System – werden beeinflusst von geltenden Regeln. Wir kennen Regeln zum Beispiel aus dem Straßenverkehr. Die Geschwindigkeitsregeln legen fest, wie schnell man auf einer bestimmten Strecke fahren darf. Ihre Übertretung wird sanktioniert: mit einer Verwarnung, mit Fahrverbot …

Entsprechendes gilt in unserem Beispiel: Die Regel »Wir sind immer für die Jugendlichen da« ist eine Anweisung, was die Erziehenden zu tun haben oder nicht tun dürfen. Wer sich nicht daran hält, erntet vermutlich Kritik von der Internatsleiterin, vielleicht wird dem oder der Betreffenden nahegelegt, sich einen anderen Beruf zu suchen.

An diesem Beispiel wird deutlich, was Regeln sind: Es sind Handlungsanweisungen, was man in einem sozialen System tun soll, tun darf oder nicht tun darf. Ihre Befolgung wird durch positive oder negative Sanktionen gestützt.

Regeln können offen oder verdeckt sein. Die Regeln des Straßenverkehrs sind offen, sie sind schriftlich festgelegt und man lernt sie in der Vorbereitung auf die Führerscheinprüfung. Die Regel »Wir sind immer für die Jugendlichen da« kann eine offizielle Regel sein, die möglicherweise auf der Website des Internats steht. Es kann aber auch eine Regel sein, die implizit Geltung besitzt, ohne dass sie jemals schriftlich fixiert wurde.

In jeder Organisation gibt es offizielle Regeln, wie sie zum Beispiel in Arbeitsplatzbeschreibungen, Prozessbeschreibungen, Unterschriftenregelungen und Ähnlichem festgelegt sind. Daneben gibt es stets auch »implizite« Regeln, die nirgendwo fixiert sind, aber trotzdem Geltung besitzen – oft mehr als die offiziellen. In einer Organisation gilt offiziell: »Wir suchen keine Schuldigen, wir lösen Probleme.« Tatsächlich wird aber eine ganz andere Regel befolgt: »Wenn du ein Problem hast, versuche es so schnell wie möglich einem anderen in die Schuhe zu schieben!«

Ein soziales System benötigt Regeln. Sie geben Orientierung und damit Verhaltenssicherheit: Ich weiß, was ich erwarten kann und kann mich darauf einrichten. Fehlende Gesprächsregeln in einer Besprechung führen dazu, dass alle irgendwie versuchen, zu Wort zu kommen – eine Situation, die letztlich für alle unbefriedigend ist.

Auf der anderen Seite kennen wir zahlreiche Situationen, wo Regeln unnötige Einschränkung darstellen oder negative Konsequenzen nach sich ziehen. Denken Sie an das oben aufgeführte Beispiel.

Zusammengefasst lässt sich festhalten: Ein soziales System benötigt soziale Regeln, um überleben zu können. Ein soziales System kann aber gleichzeitig nur funktionieren, wenn bestehende Regeln auch übertreten werden – ein Sachverhalt, den der Organisationssoziologe Stefan Kühl (2020) als »brauchbare Illegalität« bezeichnet.

Damit werden soziale Regeln zu einem Thema systemischer Organisationsberatung: die Organisation dabei zu unterstützen,
- bestehende Regeln aufzudecken,
- sie auf ihre Berechtigung zu überprüfen,
- Regeln abzuändern, sie aufzuheben oder neue Regeln einzuführen
- Und schließlich die Organisation oder einzelne Personen zu unterstützen, mit unnötigen, unnützen Regeln umzugehen.

REGELN AUFDECKEN

Der erste Schritt ist die Erfassung der bestehenden Regeln. Sie können dabei auf die Verfahren zurückgreifen, die wir auf Seite 57 ff. dargestellt haben.

INTERVIEWS: Das ist aus unserer Sicht wichtigste Vorgehen ist, Gesprächspartner nach geltenden Regeln zu fragen. Hilfreich können dabei die folgenden Fragen sein.

METHODE: PROZESSFRAGEN ZUR ERFASSUNG SOZIALER REGELN

- Welche Regeln gelten bei Ihnen im Team, in Ihrer Organisation?
- Wofür bekommt man hier Anerkennung? Wofür wird man bestraft? – Diese Fragen zielen auf Sanktionen.
- Was muss eine neue Mitarbeitende hier lernen, um Erfolg zu haben? Entsprechend: Was muss man tun, um in die Kritik des Vorgesetzten zu geraten?

Sie können diese Fragen in der Einzelberatung stellen, in einem Teamworkshop oder in Interviews. Vielleicht fallen Ihnen dazu noch andere »starke Fragen« dazu ein.

BEOBACHTUNG: Stellen Sie sich vor, Sie begleiten ein Managementteam. Ihnen fällt auf, dass fast nie der Vorgesetzte kritisiert wird – und als es doch einmal geschieht, erfolgt eine scharfe Zurechtweisung. Diese Situation deutet auf Regeln hin:

- Verhalten, das häufig oder nie auftritt, kann durch Regeln gestützt sein. Wenn der Vorgesetzte nie kritisiert wird, kann dahinter die Regel stehen: »Der Vorgesetzte darf nicht kritisiert werden.«
- Gestützt wird diese Interpretation noch durch die Konsequenzen. Eine scharfe Zurechtweisung kann eine Sanktion sein.

Für Sie als Organisationsberaterin und Organisationsberater heißt das: Beobachten Sie das Verhalten in unterschiedlichen Situationen und überlegen Sie, welche Regeln möglicherweise dahinterstecken könnten.

DOKUMENTENANALYSE: Viele offizielle Regeln sind verschriftlicht. Aber diese schriftlich fixierten Regeln müssen nicht die sein, die tatsächlich befolgt werden. Das bedeutet, dass Sie in einem zweiten Schritt überprüfen, inwieweit die Regeln befolgt werden – durch Beobachtung, Interviews, zum Teil auch anhand von Texten (zum Beispiel Protokollen über Abmahnungen).

Darüber hinaus kann eine solche Dokumentenanalyse noch auf einer zweiten Ebene relevant sein. Nehmen wir als Beispiel die Mitteilung in einer E-Mail: »Es wird nochmals nachdrücklich betont, dass Urlaubsveränderungen nur mit schriftlicher Genehmigung des Vorgesetzten erfolgen können.« Das ist eine offizielle Regel: Zugleich deuten sich in der Formulierung zusätzliche Regeln über den Umgang mit Mitarbeitenden an: Die Geschäftsleitung setzt Regeln fest, Selbstorganisation (also zum Beispiel Tausch untereinander) ist nicht gestattet. Diese Regeln werden hier nicht explizit genannt. Man kann sie erschließen. Man könnte das tun, indem man den Text mit anderen möglichen Formulierungen vergleicht, zum Beispiel: »Liebe Kolleginnen und Kollegen, es gab in letzter Zeit häufig Probleme mit Urlaubsverschiebungen. Aus diesem Grund möchten wir Sie nochmals bitten, doch die Urlaubszeiten mit dem jeweiligen Vorgesetzten abzustimmen.« Auch wenn der Inhalt der gleiche ist: Es sind andere Regeln, die den Umgang bestimmen.

FRAGEBOGEN: Das ist ebenfalls eine Möglichkeit, Regeln einer Organisation zu erfassen. Aber sie setzt voraus, dass Sie schon Hypothesen (zum Beispiel auf der Basis von Interviews) haben – dann können Sie mithilfe eines Fragebogens erheben, wie viele diese Regel genau so oder anders erleben. Ein Beispiel aus einem Projekt: Auf der Basis von Interviews haben wir Hinweise erhalten, dass hier die Absicherung durch Vorgesetzte eine implizite Regel ist. Im Fragebogen ließ sich das leicht erfragen: Inwieweit trifft in Ihrem Arbeitsbereich folgenden Aussage zu: »Triff nie eine Entscheidung ohne Absicherung durch Vorgesetzte!« Übrigens, die Zustimmung lag bei fast 70 Prozent – ein wichtiges Ergebnis für den weiteren Beratungsprozess.

NUTZUNG ANALOGER VERFAHREN: Regelwissen ist, so haben wir festgestellt, zu einem beträchtlichen Teil emotional gespeichertes Wissen. Das wiederum ermöglicht, eben dieses Wissen zur Erfassung von Regeln zu nutzen – sei es durch Bilder, Symbole oder szenische Darstellungen. Zwei Beispiele:

- In einem Workshop werden die Teilnehmenden aufgefordert, sich ein Bild zum Team zu suchen. Eine Teilnehmerin ergreift eine Karte mit Hunden, die sich anfletschen. Sie erklärt: Es gäbe keine Regeln, die im Fall von immer wieder auftretenden Konflikten eben diese regulieren und damit entschärfen würden. Stattdessen würde eben »mit gefletschten Zähnen gekämpft«.

- Im Rahmen kurzer szenischer Darstellungen spielen die Teilnehmenden typische Situationen aus dem Alltag. Was meinen Sie, wie viele Regeln dann deutlich werden?

REGELN BEURTEILEN

Die Kernfrage lautet: Sind die Regeln, die wir haben, sinnvoll? Haben wir möglicherweise zu viele oder unnötige, hinderliche Regeln? Oder fehlen uns Regeln? Oder haben wir eine Fülle widersprüchlicher Vorschriften? Doch nach welchen Kriterien lassen sich Regeln beurteilen?

Regeln dienen dazu, bestimmte Ziele zu erreichen, die Regeln des Straßenverkehrs dazu, Unfälle zu vermeiden, Gesprächsregeln dazu, Besprechungen effizient zu führen. Daraus ergeben sich folgende Fragen, nach denen Sie Regeln beurteilen können:

METHODE: PROZESSFRAGEN ZUR BEURTEILUNG VON REGELN

- Welches Ziel soll durch diese Regel erreicht werden?
- Inwieweit ist dieses Ziel sinnvoll?
- Wird das Ziel erreicht?
- Welche Nebenwirkungen hat die Regel?

Zur Verdeutlichung ein Beispiel: Für das Entwicklungszentrum eines größeren Unternehmens gelten strenge Besucherregelungen. Man musste am Empfang abgeholt werden. Doch meistens bekam man am Ende des Gesprächs zu hören: »Den Weg zurück finden Sie doch sicher selbst!« Das hinter der Besucherregelung stehende Ziel, die Daten zu schützen, ist zweifelsohne sinnvoll. Aber es wird nicht erreicht, wenn anschließend ein Besucher sich frei durch das Gebäude bewegen kann.

REGELN VERÄNDERN

Die Beurteilung von Regeln führt zur Frage: Wie können wir Regeln verändern? Wenn der Eindruck besteht, dass wir im Team nicht gut zusammenarbeiten, dann heißt das (auch), wir müssen uns mit Teamregeln befassen. Es gilt, Regelungen außer Kraft zu setzen, Regeln abzuändern, neue Regeln zu vereinbaren.

Auf der Basis von GROW ergibt sich zum Beispiel folgendes Vorgehen:

GOAL: Ziel ist, Regeln festzulegen, um die Zusammenarbeit im Team zu verbessern.

REALITY: Hier können Sie all die Vorgehensweisen verwenden, die wir in den vorangegangenen Abschnitten dargestellt haben. Möglichkeiten sind:

- Im Rahmen des *Team-Workshops* sammeln: Was läuft gut? Wo bestehen Probleme?
- Interviews führen: Was läuft aus Sicht der einzelnen Teammitgliedern (oder Stakeholdern von außerhalb) im Team gut? Wo sehen sie Probleme?
- *Beobachtung:* Langatmige Diskussionen ohne Ergebnis, sind ein Hinweis darauf, dass hier zusätzliche Gesprächsregeln erforderlich sind.

OPTIONS UND WHAT NEXT: Hier geht es darum, Alternativen zu entwickeln: Was wären sinnvolle andere Regeln? Welche bisherigen Regeln sollten wir aufheben? Wie können wir negative Nebenwirkungen vermeiden? Den Abschluss bilden dann konkrete Vereinbarungen.

Im Grundsatz ist das ganz einfach – aber wieso fällt es uns in der Praxis oft so schwer, unnötige Regeln abzuändern, obwohl eigentlich alle wissen, dass diese Regelungen unvernünftig sind?

REGELN ABÄNDERN: DER TEUFEL STECKT IM SYSTEM

BEISPIEL: WARUM KÖNNEN WIR DIE UNTERLAGEN NICHT REDUZIEREN?

Für die Sitzung des Managementteams bereitet die Controllingabteilung immer die Zahlen vor: Jedes Teammitglied erhält dann eine Übersicht im Umfang von ungefähr 20 Seiten.

Einen Überblick über die Zahlen zu erhalten, ist sicherlich plausibel. Aber diese Regel hat Nebenwirkungen: Kaum jemand hat die Unterlagen durchgearbeitet – und es ist hoher Zeitaufwand, diese Zahlen jeweils zusammenzustellen. Im Grunde sind sich alle einig: Wir sollten dieses Zahlenwerk vereinfachen. Im Endeffekt ist das gelungen – aber der Prozess dauerte fast neun Monate. Er scheiterte zunächst am erbitterten Widerstand des Controllingleiters, der immer wieder Argumente für dieses Zahlenwerk anbrachte – im Endeffekt aber befürchtete, dass er damit möglicherweise Stellen abbauen müsse.

Das ist kein Einzelfall: Widerstand gegen die Veränderung von Regeln ist häufig nicht »rational«, sondern anders begründet: Personen befürchten, dadurch etwas zu verlieren. Es gibt andere Regeln, die die Regeln stützen, es ist die Vorgeschichte, die eine Veränderung behindert: »Wir haben das doch schon immer so gemacht.«

Jede Veränderung von Regeln ist gleichzeitig die Veränderung eines sozialen Systems. Das heißt: Es müssen die Faktoren im System identifiziert werden, die eine Veränderung behindern oder diese unterstützen können – und es sind dann entsprechend systemische Interventionen erforderlich. Wir können dafür wieder unser Grundmodell des sozialen Systems nutzen.

DIE STAKEHOLDER DER REGELVERÄNDERUNG: Bei jeder Regelveränderung gibt es Gewinner und Verlierer. In unserem Beispiel sah sich der Controllingleiter als Verlierer. Auch bei der Veränderung von

Teamregeln gibt es möglicherweise Verlierer: Jemanden, der immer alles wissen möchte, der immer gern zu jedem Thema etwas sagen möchte, der sieht sich eventuell als Verlierer, wenn Teilprojekte in kleineren Gruppen bearbeitet werden.

SUBJEKTIVE DEUTUNGEN: Welche Befürchtungen und Ängste, welche Hoffnungen und Erwartungen verbinden die Beteiligten mit der Veränderung der Regeln? Bei dem Controllingleiter war es die Befürchtung, dass er Personal abbauen muss. Lösen ließ sich das Problem erst dadurch, dass Controlling stärker auf strategisches Controlling ausgerichtet wurde. Dadurch wurden ihm neue, im Grunde wichtigere Aufgaben übertragen – er sah sich und seinen Bereich anerkannt und unterstützte das Vorhaben.

Bei der Einführung selbstorganisierter Teams sind es häufig Führungskräfte, die befürchten, dass sie dadurch überflüssig würden. Widerstand gegen die Veränderung ist dann zum Beispiel dadurch aufzulösen, dass die Führungskräfte etwa im Rahmen eines Workshops unterstützt werden, ihre Rolle neu zu definieren und dadurch sich ihres Wertes bewusst werden.

SOZIALE REGELN UND WERTE: Regeln stehen im Zusammenhang mit anderen Regeln und Werten. Eine ausführliche Dokumentation des Vorgehens wird zum Beispiel mit Kontrolle begründet. Kontrolle ist ein Wert, der zu immer aufwendigerer Dokumentation führt – im Gegensatz zum Wert Vertrauen. In vielen Fällen lassen sich bestimmte Regeln nur abändern, wenn man die Werte des Teams diskutiert: Was sind die zentralen Werte, die unser Handeln leiten sollen? Im Blick darauf, welche Regeln sind notwendig? Welche sind überflüssig?

REGELKREISE: Dass sich Veränderungen sozialer Regeln in Regelkreisen verfangen, kennt jeder: Immer wieder wird gefordert, dass sich die Teammitglieder auf die einzelnen Tagesordnungspunkte anhand der Unterlagen vorbereiten sollen – aber es wird nicht umgesetzt. Vermutlich ist es sinnvoller, hier die Regel abzuändern: Anstelle Vorbereitung zu verlangen, gibt es jeweils eine kurze Einführung ins Thema, oder es wird eine kurze Lesezeit während des Meetings eingeräumt.

SYSTEMUMWELT: Die Feststellung »Das lässt sich in unserer Software nicht abbilden«, hat schon manche Veränderungsideen zunichte gemacht. Entsprechendes gilt für andere soziale Systeme: Ärzte und Kliniken können manche Veränderungen nicht umsetzen, weil diese von der Kassenärztlichen Vereinigung nicht akzeptiert werden. Kernfrage ist hier: Welche Umweltfaktoren behindern oder unterstützen die Veränderung von Regeln, und was für Möglichkeiten gibt es, hier etwas zu verändern?

ENTWICKLUNG: Jede Regel hat eine Vorgeschichte. In den meisten Fällen wurde die Regel in einer Situation aus verständlichen Motiven heraus eingeführt und wird weitergeführt, selbst wenn sich die Situation geändert hat. Oder man stellt fest, dass eine Regel für bestimmte Situationen nicht eindeutig ist. Dann werden Zusatzregeln formuliert – das Ganze entwickelt sich zu einem bürokratischen Monster. Auch hier gilt: die Vorgeschichte bewusst zu machen und nach Lösungen zu suchen.

Nicht alle Regeln lassen sich abändern. Wenn eine Chefin ein Kontrollfreak ist und fortwährend Detailinformationen haben will, wird sie ihr Verhalten möglicherweise nicht abändern, egal, was das Team auch versucht. Die Klinikleitung eines Krankenhauses wird schwerlich die Regeln der KVA abändern können. Dann gilt als Grundregel: »Face Realities!« Wenn ich etwas nicht ändern kann, wie kann ich dann mit dieser Situation umgehen? Hier gilt wieder, Ideen zu sammeln: Kann ich Regeln unterlaufen (das nennt man mikropolitische Taktiken)? Kann ich meinen Freiraum weiter ausnutzen oder ausweiten? Oder muss ich mit dieser Situation leben? Wie heißt es doch: »Gott gebe mir die Kraft, das zu ändern, was ich ändern kann, das zu lassen, was ich nicht ändern kann, und die Weisheit, das eine vom anderen zu unterscheiden!« Das gilt auch für die Veränderung von sozialen Regeln.

LITERATURTIPP

Zum Thema Regeln hier nur einige Anregungen:

- Saller, T./Mauder, S./Flesch, S. (2016): Tabu – Versteckte Regeln und ungeschriebene Gesetze in Organisationen. Freiburg: Haufe-Lexware
- Sprenger, B. (2020): Sprich nicht drüber, aber halte dich dran. Göttingen: Vandenhoeck & Ruprecht
- Jánszky, S. G./Jenzowsky, S. A. (2010): Rulebreaker. Wien: Goldegg
- Kühl, S. (2020): Brauchbare Illegalität. Frankfurt am Main, New York: Campus

Regelkreise: Wir treten auf der Stelle

BEISPIEL: WARUM ÜBERNEHMEN DIE MITARBEITENDEN KEINE VERANTWORTUNG?

Im Managementteam wird beklagt, dass die Mitarbeitenden keine Verantwortung übernehmen: Sie warten immer auf Vorgaben vom Management. Die CEO schlägt vor, doch dafür Workshops zu machen. Auf Anregung der Organisationsberaterin werden jedoch zuvor Interviews mit ausgewählten Mitarbeitenden und Führungskräften durchgeführt. Das Ergebnis ist überraschend: Auf der einen Seite beklagen sich in der Tat fast alle Führungskräfte darüber, dass Mitarbeitende keine Verantwortung übernehmen. Auf der anderen Seite klagen fast alle Mitarbeitenden darüber, dass sie kritisiert werden, wenn sie selbst die Initiative ergreifen, dass ihnen vorgehalten wird, sie würden es nicht richtig machen.

Für jeden der Beteiligten ist die Situation klar: Es liegt am anderen, der andere muss sich ändern. Doch wenn man den oder die andere fragt, erhält man die gleiche Antwort: »Der andere ist schuld, er/sie muss sich ändern!«

Das ist das klassische Ursache-Wirkungs-Denken. Doch das greift hier offenbar nicht: Beide Seiten haben sich in Regelkreisen verfangen. Alle sehen die Schuld beim Gegenüber und fühlen sich als Opfer. Alle reagieren, aber die Reaktion führt dazu, dass sich das Verhaltensmuster stabilisiert.

Hier einige Beispiele für häufig auftretende Regelkreise:

- Der »Ja, aber«-Regelkreis: Eine Expertin macht Vorschläge, der Gesprächspartner antwortet mit »Ja, aber«.

- Der »Schwarze Peter«-Regelkreis: Anstatt das Problem zu lösen, ist man damit beschäftigt, die Schuld stets auf andere abzuschieben.
- Der »Ich bin hilflos«-Regelkreis: Ein Mitarbeiter kommt nicht zurecht und holt sich Hilfe beim IT-Unterstützer. In Zukunft kommt er immer wieder.
- Der »Chancenlos«-Regelkreis: Es wird ausführlich das Schicksal beklagt – aber nichts wird verändert.
- Der »Öfter mal was Neues«-Regelkreis: Es wird immer wieder umstrukturiert – aber im Grunde ändert sich nichts.
- Der »Wir müssen«-Regelkreis: Alle sind sich einig, dass etwas geschehen müsste – aber nichts wird umgesetzt.
- Der »Zu Tode reiten«-Regelkreis: In der Diskussion wird endlos geredet, es kommt kein Ergebnis zustande.

Die Beispiele hier sind hinderliche Regelkreise. Natürlich kann es auch positive Regelkreise geben: Die eine berichtet, der andere hört zu, dann wechseln die Rollen. Das ist ebenfalls ein Regelkreis.

Regelkreise, so können wir zusammenfassen, sind immer wiederkehrende Verhaltensmuster in einem sozialen System, die eine Eigendynamik besitzen. Regelkreise sind eines der häufigsten Themen systemischer Organisationsberatung: die Regelkreise aufdecken, in denen sich einzelne Personen, ein Team, eine ganze Organisation festgefahren haben, und das System unterstützen, hinderliche Regelkreise zu unterbrechen und positive einzuführen oder zu stabilisieren.

REGELKREISE ANALYSIEREN

Der erste Schritt ist das Erfassen der Regelkreise. Hier können Sie wieder die im zweiten Teil aufgeführten Diagnoseverfahren nutzen.

METHODE: ERFASSUNG VON REGELKREISEN

- In Interviews können Sie nach festgefahrenen Situationen fragen. Oder Sie fragen, was immer wieder passiert, was immer wieder ohne Ergebnis versucht wurde.
- Wenn Sie als Beobachter zum Beispiel an einer Teamsitzung teilnehmen, achten Sie auf Regelkreise: Werden Themen immer wieder andiskutiert, ohne dass man zu einem Ergebnis kommt? Erfolgen auf jeden Vorschlag sofort Gegenargumente? – All das sind Regelkreise.
- Häufig findet man auch in Dokumenten Hinweise auf Regelkreise, zum Beispiel bei Veränderungsprojekten, bei denen sich die gleichen Themen immer wieder in den Protokollen finden.

Regelkreise resultieren aus dem sozialen System. Die Analyse von Regelkreisen ist damit stets eine Systemdiagnose derjenigen Faktoren im sozialen System, die diese Regelkreise beeinflussen.

METHODE: SYSTEMDIAGNOSE VON REGELKREISEN

- Welche Personen sind am Regelkreis beteiligt?
- Was denken die betreffenden Personen über die Situation, über die anderen, über sich?
- Welche Regeln beeinflussen den Regelkreis?
- Was ist das typische Verhaltensmuster? Was geschieht immer wieder?
- Was waren die bisherigen Lösungsversuche? Welche wurden als eher hilfreich erlebt? Welche sind »Teil des Problems«?
- Inwieweit beeinflussen Systemumwelt und die Grenze zu anderen Systemen den Regelkreis?
- Gibt es in der Vorgeschichte dazu Auslöser? Eskaliert der Regelkreis – oder kühlt sich die Situation zwischenzeitlich ab, um dann erneut aufzubrechen.

Auf unser Beispiel bezogen bedeutet das:

- *Personen:* Das sind hier offensichtlich die Führungskräfte und die Mitarbeitenden. Dabei lassen sich verschiedene Personengruppen unterscheiden: Verbündete, Personen, die sich aus heraushalten, Personen, die im Hintergrund die Fäden ziehen et cetera.
- *Subjektive Deutungen:* Führungskräfte meinen, sie müssten mehr Druck machen. Bei den Mitarbeitenden könnte eine subjektive Deutung sein, »Wenn ich etwas entscheide, ist es ohnehin falsch – also tue ich lieber gar nichts.« Beide Gruppen sehen die Schuld bei den anderen.
- *Bisherige Lösungsversuche:* Druck machen und keine Verantwortung übernehmen waren die bisherigen Lösungsversuche – wie man sieht: ohne Erfolg.
- *Soziale Regeln:* Hier könnte im Hintergrund eine Regel bei den Mitarbeitenden sein, den Führungskräften nicht offen zu widersprechen.
- *Umwelt:* Umweltfaktoren und Grenzen zu anderen Systemen sind hier nicht aufgeführt. Dass aber die Umwelt Regelkreise beeinflusst, haben wir an Corona erfahren: Homeoffice hat vertraute Regelkreise der Zusammenarbeit im Büro unterbrochen und häufig zu neuen Regelkreisen (zum Beispiel zwischen Homeschooling und Homeoffice) geführt. Systemgrenzen können dazu führen, dass sich verschiedene Teams voneinander abschotten – oder dass sie versuchen, ihren Arbeitsbereich auf Kosten eines anderen Teams zu erweitern.
- *Entwicklung:* Als Vorgeschichte wäre hier denkbar, dass die Mitarbeitenden beim Vorgänger der jetzigen CEO einen sehr autoritären Führungsstil erlebt hatten. Sie sind es nicht gewohnt, selbst Verantwortung zu übernehmen.

Hilfreich ist in vielen Fällen, den Regelkreis zu visualisieren und dabei die jeweiligen Personen (hier A und B), ihr Verhalten (hier die jeweiligen Äußerungen (und ihre subjektiven Deutungen (hier als Gedankenblasen) aufzuführen.Dabei können teilweise recht komplizierte Bilder entstehen.

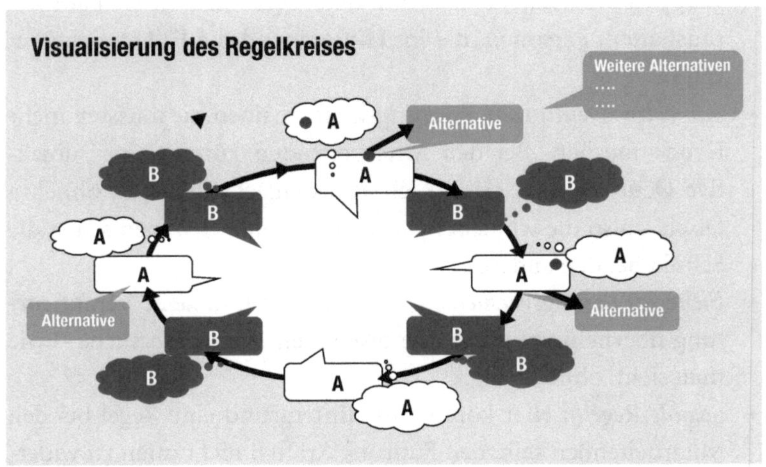

REGELKREISE UNTERBRECHEN

Vermutlich kennen Sie das aus dem Alltag: Wenn etwas beim ersten und zweiten Mal nicht funktioniert hat, versucht man es ein drittes und viertes Mal. Nur: Vermutlich wird es dann ebenfalls nicht funktionieren. Wenn man dreimal ohne Erfolg etwas versucht hat, ist man vermutlich in einem Regelkreis verfangen.

Im Prinzip ist die Lösung ganz einfach: Einen Regelkreis zu unterbrechen bedeutet, etwas Anderes tun. Doch was das Andere ist und wie man es tatsächlich schafft, nicht mehr das Gleiche zu tun, darin liegt das Problem.

Etwas Anderes kann bedeuten, das Verhalten zu ändern, kann aber auch auf den anderen Ebenen des sozialen Systems liegen. Zusammengefasst schaut es so aus:

REGELKREISE UNTERBRECHEN: ETWAS ANDERES TUN	
Verhalten ändern	Welche anderes Handlungsmöglichkeiten gibt es? Das kann zum Beispiel sein: • Distanz schaffen: Wenn in einer Diskussion Konflikte aufbrechen, kann eine Pause von 15 Minuten hilfreich sein, sich erst einmal abzukühlen. • Fragen stellen statt argumentieren • zuhören anstatt Position zu beziehen • Ich-Botschaften anstelle von Du-Botschaften • zwischen Inhalts- und Beziehungsebene unterscheiden: die Auffassung des anderen – und ihn – wertschätzen, auch, wenn man die Argumente nicht teilt • positives Verhalten verstärken anstelle negatives zu kritisieren • Gar nichts tun kann ebenfalls eine andere Handlungsmöglichkeit sein. • Metakommunikation durchführen: den Regelkreis zum Thema machen, vielleicht ihn visualisieren und gemeinsam nach Lösungen suchen
Subjektive Deutungen verändern	Die Situation anders deuten. Möglichkeiten dazu haben wir Ihnen vorgestellt: • den Blick auf das Positive richten • Perspektivwechsel: die Situation aus der Perspektive des Gegenübers betrachten oder aus der Position eines außenstehenden Beobachters • sich die eigene Selbstwirksamkeit bewusst machen
Regeln verändern	Die Brainstormingregeln unterbrechen den Regelkreis, jede vorgebrachte Idee sofort zu kritisieren. Auch die Einführung der Regeln von agilen Frameworks unterbrechen klassische Regelkreise, zum Beispiel den Regelkreis, jede Entscheidung erst einmal absichern zu lassen.
System-umwelt verändern	New Work ist ein Beispiel dafür, dass die Umgestaltung des Arbeitsplatzes bisherige Muster unterbrechen kann und neue Formen des Austausches und der Zusammenarbeit möglich sind.
System-grenzen verändern	Das kann bedeuten, Systemgrenzen durchlässiger zu machen (indem zum Beispiel bereichsübergreifende Teams gebildet werden). Oder: sie weniger durchlässig zu machen, indem zum Beispiel ein selbstorganisiert arbeitendes Team aus dem Tagesgeschäft genommen wird.
Entwicklung reflektieren und verändern	Es kann hilfreich sein, die Geschichte und den Verlauf dieses Regelkreises zu reflektieren, um auf dieser Basis Möglichkeiten zur Unterbrechung zusammenzustellen. Dann kann zum Beispiel deutlich werden, dass in dieser Phase keine gemeinsame Lösung zu erreichen ist, sondern bestenfalls eine Deeskalation.

LITERATURTIPP

Viele Beispiele für Regelkreise und Möglichkeiten zur Auflösung finden Sie bei:

- Dehner, R./Dehner, U. (2014): Schluss mit diesen Spielchen! Frankfurt am Main: Campus

Dass die unterschiedlichen Kommunikationskonzepte systemisch gesehen verschiedene Konzepte zur Unterbrechung von Regelkreisen sind, haben wir dargestellt. Eine hilfreiche Übersicht gibt:

- Frindte, W./Geschke, D. (2019): Lehrbuch Kommunikationspsychologie. Weinheim: Beltz

SYSTEMISCHE KONFLIKTMODERATION

Konflikte sind ein häufiges Thema in der Organisationsberatung: Sei es, dass in einer Einzelberatung Ihr Klient von Konflikten mit seiner Vorgesetzten oder einem Mitarbeiter berichtet; sei es, dass Sie als Beraterin aufgefordert sind, den Konflikt zwischen zwei Personen (oder zwei Gruppen) zu moderieren; sei es, dass Konflikte zwischen zwei Bereichen (zum Beispiel Technik und Produktion in einem Unternehmen, Ärzte und Pflegebereich in einem Klinikum) bestehen.

Üblicherweise sieht jeder im anderen den Schuldigen und erlebt sich als Opfer. Aber dieses Kausaldenken ist zu einfach: Konflikte sind eine Systemeigenschaft. Das heißt, jeder der Beteiligten hat etwas dazu getan, dass es so wurde, und jeder hat die Möglichkeit, etwas daran zu ändern – sei es, dass er oder sie das eigene Verhalten ändert, sei es, dass die Situation anders gedeutet, Regeln verändert oder neu eingeführt werden.

Das Thema, das wir Ihnen in diesem Kapitel darstellen möchten, ist die Situation, dass Sie als Moderatorin oder Moderator zwischen zwei Konfliktparteien »vermitteln« sollen.

BEISPIEL

Herr Berg ist seit einem halben Jahr Bereichsleiter. Er hat Probleme mit seinem Stellvertreter, Herrn Hansen. Herr Hansen war schon bei dem Vorgänger von Herrn Berg Stellvertreter und hatte sich Hoffnungen auf die Stelle gemacht. Jetzt wurde ihm Herr Berg vorgesetzt. Die Zusammenarbeit zwischen beiden klappt nicht. Herr Hansen führt seine Abteilung wie bisher, lässt sich von Herrn Berg nichts sagen. Wenn Herr Berg das Thema anspricht, gibt es langatmige Diskussionen ohne Ergebnis. Herr Berg schlägt vor, dass die Beraterin, die den Veränderungsprozess im Bereich begleitet, ein Treffen moderiert.

Diese Situation ist für die Beraterin nicht unkritisch. Versetzen Sie sich in die Rolle der beiden Gesprächspartner: Herr Berg will vermutlich Unterstützung. Herr Hansen weiß, dass Herr Berg und die Beraterin in dem Changeprozess eng zusammenarbeiten. Er wittert Unrat. Er kann aber das Gespräch schlecht ablehnen. Vermutlich will er aus dem Gespräch herauskommen, ohne etwas zu ändern. Möglicherweise wird er versuchen, lang zu erklären, dass sich die Situation ganz anders darstellt. Es entstehen Regelkreise. Daraus ergeben sich bestimmte Grundsätze.

INFO: GRUNDSÄTZE DER KONFLIKTMODERATION

- Als Beraterin »neutral« oder – wie man in der Mediation formuliert – »allparteilich« sein. Das bedeutet, nicht für eine Seite Partei ergreifen, sondern »neutral« zwischen beiden Seiten vermitteln,
- jedem Gesprächspartner Wertschätzung entgegenbringen,
- die Steuerung des Prozesses in der Hand behalten und schließlich
- Verbindlichkeit herstellen.

Auf das Beispiel bezogen lässt ergibt sich daraus etwa folgendes Vorgehen:

- Sobald die Beraterin für eine der beiden Seiten Partei ergreift, wird der andere mit hoher Wahrscheinlichkeit abwehren. Es entstehen Regelkreise. Hier ist eine klare Rollenklärung erforderlich.
- Herr Berg und Herr Hansen haben sich offensichtlich in Regelkreisen verfangen. Es gibt endlose Diskussionen ohne Ergebnis. Aufgabe der Beraterin ist es, diese Regelkreise zu unterbrechen. Das erfordert, den Prozess klar zu steuern.
- Herr Hansen wird möglicherweise versuchen, unverbindlich zu bleiben: »Schauen wir mal …« Aber »Schauen wir mal« verpflichtet zu nichts, das Gespräch bleibt ergebnislos. Verbindlichkeit ist aber notwendig. Und das heißt: Vereinbarungen zu treffen, denen jeder ausdrücklich zustimmt. Wenn diese nicht eingehalten werden, gibt es ein anderes Thema: nämlich das Thema Verlässlichkeit.

Daraus ergeben sich folgende Schritte der Konfliktmoderation.

VORGESPRÄCHE: In fast allen Situationen ist ein Vorgespräch mit jeder einzelnen Person notwendig, um sich kennenzulernen, die Sichtweise der beteiligten Person zu erfahren und vor allem, um die eigene Rolle zu klären. Daraus ergibt sich folgende Struktur.

METHODE: VORGESPRÄCH KONFLIKTMODERATION

- *Sich im Vorfeld die eigene Rolle als Beraterin oder Berater bewusst machen.*
- *Nonverbal und verbal Kontakt zum Gesprächspartner aufbauen:* auf Sitzposition, Körperhaltung achten, vielleicht etwas von sich erzählen.
- *Transparenz über die Vorgeschichte herstellen:* zum Beispiel, dass Herr Berg die Beraterin angesprochen hat.
- *Fragen*, wie die Beteiligten die Situation sehen und was Themen sein könnten.
- *Die eigene Rolle als Beraterin transparent machen.*

Möglicherweise wird im genannten Beispiel Herr Hansen berichten, dass er kein Problem hat, nur Herr Berg. Dann können Sie das positiv umdeuten: »Ich finde es gut, dass Sie sich trotzdem darauf eingelassen haben, an diesem Gespräch teilzunehmen.« Das ist bereits ein erster Schritt, den Blick vom Negativen auf das Positive zu richten und Wertschätzung zu etablieren.

Die Konfliktmoderation selbst folgt dann wieder der GROW-Struktur.

GOAL (ORIENTIERUNGSPHASE): Stellen Sie sich folgenden Beginn des Gesprächs mit Herrn Berg und Herrn Hansen vor.

KONFLIKTMODERATION: WAS ZU BEGINN PASSIEREN KANN

Alle treffen sich im Besprechungsraum. Erst betritt Herr Berg den Raum, geht auf die Beraterin zu, begrüßt sie herzlich. Herr Hansen ist sichtlich zögernd und zurückhaltend. Alle setzen sich an den Besprechungstisch. Herr Hansen sitzt auf der einen Seite, Herr Berg auf der anderen Seite in der Nähe der Beraterin. Herr Berg eröffnet das Gespräch: Wie schön, dass der Termin zustande gekommen ist. Man habe schon mehrmals versucht, die Probleme zu klären, aber bislang ohne Ergebnis. Von daher sei man jetzt zuversichtlich. Währenddessen strahlt er die Beraterin an, wendet sich ihr zu, beugt sich vor und rutscht unauffällig etwas näher. Herr Hansen sagt zunächst gar nichts, er lehnt sich etwas zurück, schiebt den Stuhl fast unmerklich etwas nach hinten.

Hier ist deutlich: Herr Berg will keinen neutralen Berater, sondern versucht, die Beraterin als Verbündete zu gewinnen. Aber intuitiv spürt Herr Hansen das und reagiert: Er zieht sich zurück, ein Regelkreis bahnt sich an. Auch wenn es bereits in den Vorgesprächen geschehen ist, Sie müssen Ihre Rolle nochmals transparent machen!

Zugleich können Sie weiter daran arbeiten, den bisherigen Regelkreis gegenseitiger Abwertung zu unterbrechen und den Blick auf das Positive zu richten: »Ich finde es gut, dass Sie, Herr Berg, die Initiative ergriffen haben. Das macht deutlich, dass Ihnen die Zusammenarbeit mit Herrn Hansen wichtig ist. Und ich finde es gut, dass Sie, Herr Hansen, sich darauf eingelassen haben.«

Erst dann können Sie sich mit Thema und Ziel befassen. Lassen Sie jeden kurz erzählen. Möglicherweise müssen Sie Regeln einführen: Jeder darf ausreden, anschließend darf der andere seine Sicht darstellen.

Ihre Aufgabe als Beraterin ist es, ein gemeinsames Thema und ein gemeinsames Ziel festzulegen. Das mag bei dem Thema noch recht einfach sein: Thema ist in unserem Beispiel die gemeinsame Zusammenarbeit (wie die Betreffenden es formulieren). Doch was könnte ein gemeinsames Ziel sein? Möglicherweise haben beide ein gemeinsames Ziel: die Zusammenarbeit zu verbessern. Dann können Sie dieses Prozessziel auf das Ziel des Beratungsgesprächs herunterbrechen: »Ziel ist, Vereinbarungen zur Verbesserung der Zusammenarbeit zu treffen«.

Doch die Prozessziele (die übergeordneten langfristigen Ziele) sind häufig gegensätzlich: Herr Berg möchte, dass Herr Hansen ihn als Führungskraft akzeptiert, Herr Hansen möchte gerade das nicht. Dann ist es Ihre Aufgabe, ein gemeinsames übergeordnetes »Metaziel« vorzuschlagen: »Ziel ist, abzuklären, ob es Lösungen gibt, auf die Sie sich beide einlassen können.« Sie machen damit zugleich wieder Ihre Rolle deutlich: Sie beziehen nicht Partei, Sie steuern den Prozess.

Die Goal-Phase ist die entscheidende Voraussetzung für ein arbeitsfähiges Beratungssystem. Sie machen als Beraterin Ihre neutrale Rolle (nochmals) transparent, Sie unterbrechen bestehende Regelkreise, indem Sie anstelle der bisherigen Abwertung Wertschätzung etablieren, den Blick auf positive Aspekte richten und indem Sie Regeln einführen. Und Sie stellen Verbindlichkeit her.

REALITY (KLÄRUNGSPHASE): Der Begriff »Reality« ist hier zweideutig. Es gibt in Konflikten keine gemeinsame Realität, sondern es gibt unterschiedliche Bilder. Jeder hat sein Bild der Wirklichkeit. Wenn Sie herauszufinden suchen, was denn »wirklich« war, werden Sie sich mit hoher Wahrscheinlichkeit in einer endlosen Diskussion verlieren. Von daher kann Reality-Phase nur bedeuten, die Sichtweise aller Beteiligten schildern lassen, übersetzen, was der oder die Einzelne meint, schließlich Gemeinsamkeiten und Unterschiede herausarbeiten.

Eine Möglichkeit dafür ist, zwischen den gegensätzlichen »Positionen« und den dahinterstehenden »Interessen und Bedürfnissen« zu unterscheiden – ein Ansatz, der ursprünglich aus Mediationskonzepten oder dem Harvard-Modell der Konfliktlösung stammt (zum Beispiel Fisher u.a. 2020). Herr Berg und Herr Hansen haben offensichtlich gegensätzliche Positionen – aber möglicherweise stehen gemeinsame Bedürfnisse dahinter, vielleicht das Bedürfnis nach Anerkennung.

Vielfach verfangen sich die Gesprächspartner in dieser Phase in Regelkreisen: Sie unterbrechen sich wechselseitig, bringen Einwände … Hier ist wieder klare Steuerung angesagt: vielleicht die Diskussion einige Zeit laufen lassen, dann nachdrücklich unterbrechen, das eventuell durch die Körpersprache unterstreichen, sich vorbeugen, selbst etwas länger reden, damit die Betreffenden sich abkühlen können, vielleicht nochmals auf die vereinbarten Regeln hinweisen, möglicherweise eine Pause machen oder den Beteiligten die Aufgabe geben, wichtige Punkte zunächst für sich auf ein Flipchart zu schreiben.

OPTIONS (LÖSUNGSPHASE): Als Grundstruktur bietet sich auch hier an, Ideen zu sammeln und anschließend zu bewerten. Wichtig ist die Beachtung der Brainstormingregeln: erst möglichst viele Ideen sammeln, ohne sie gleich zu diskutieren. Auch Sie als Beraterin können Ideen einbringen: Herr Hansen behält einen eigenen Aufgabenbereich, beide verstehen sich mehr als Team, Herr Hansen wechselt den Bereich, es wird ein regelmäßiger Jour Fixe vereinbart …

Anschließend können die Ideen bewertet werden: Welche sind für beide Gesprächspartner akzeptabel? Möglicherweise muss man dann die Ideen noch weiter konkretisieren oder durch zusätzliche Maßnahmen stützen.

Sie können auch analoge Verfahren nutzen: Jeder sucht sich ein Symbol für eine gute Lösung. Oder Sie machen eine Aufstellung mit den beiden Extremlösungen an den Enden. Jeder stellt sich auf seine Position. Was wäre ein Schritt, auf den anderen zuzugehen? Was würde das in der Realität bedeuten?

Eine andere Möglichkeit ist die VW-Formel: Vorwürfe (V) in Wünsche (W) transformieren. Herr Hansen wirft seinem neuen Vorgesetzten vor, dass er nicht einbezogen wird. Dahinter steht aber ein Wunsch: Ich möchte mehr einbezogen werden. Sie können diesen Wunsch aushandeln: Wäre Herr Berg bereit den Wunsch zu erfüllen? Fast immer kommen dann Bedingungen: »Ja, wenn nur Herr Hansen …« Die Bedingung ist jedoch ein zweiter Wunsch, den Sie entsprechend bearbeiten können.

METHODE: WÜNSCHE AUSHANDELN

- *Einen Wunsch formulieren:* Einen Klienten oder eine Klientin einen (vielleicht nur einen) Wunsch an den anderen formulieren lassen. Möglicherweise müssen Sie als Beraterin dabei Kritik in einen Wunsch transformieren.
- *Den Wunsch konkretisieren:* Was heißt es, dass Herr Hansen mehr einbezogen werden möchte? Was konkret wünscht er sich?
- *Den Wunsch direkt an den Gesprächspartner richten lassen:* »Können Sie es Herrn Berg direkt sagen, was Sie wünschen?« Sie regen damit eine (positive) direkte Kommunikation an.
- *Absichern:* Es ist wichtig zu klären, ob der Gesprächspartner den Wunsch verstanden hat. Das ist ein notwendiger Zwischenschritt:

Erst wenn klar ist, was der Wunsch beinhaltet, ist eine Entscheidung möglich.

- *Wunscherfüllung:* Danach kommt die Frage, ob der andere bereit ist, den Wunsch zu erfüllen.
- *Bedingungen bearbeiten:* Wenn an die Erfüllung Bedingungen geknüpft werden (was fast immer geschieht), dann die Bedingungen in einen neuen Wunsch (jetzt von Herrn Berg an Herrn Hansen) transformieren und anschließend entsprechend zu bearbeiten.

WHAT NEXT (ABSCHLUSSPHASE): Das Ergebnis einer solchen Konfliktberatung sollten konkrete Vereinbarungen sein.

UNSER TIPP

In Konflikten gibt es meist nicht nur einen Streitpunkt. Häufig haben die Gesprächspartner das Gefühl, sie müssten mit dem Schwierigsten anfangen. Doch Vorsicht: Dabei holt man sich leicht eine blutige Nase. Wählen Sie als Erstes einen Wunsch, der leicht zu erfüllen ist. Wenn die Klientinnen und Klienten hier eine Einigung geschafft haben, ist das die Basis für die weitere Arbeit.

Konfliktberatung in dieser Dreier- oder – wie wir es formulieren – Triadensituation ist wohl die schwierigste Form der Organisationsberatung. Sie erfordert aufseiten der Beraterin hohe Aufmerksamkeit: sensibel zu sein für die Nuancen, die im Gespräch anklingen, für die Ansatzpunkte, für eine Lösung. Sie erfordert eine klare Struktur und zugleich hohe Intuition: das Gespür, wann ich eingreifen muss, welcher Impuls jetzt der richtige ist.

Konflikt-Workshops in einem Team sind im Grunde nichts anderes als eine erweiterte Konfliktmoderation, wie wir sie hier beschrieben haben. Manchmal sind sie sogar leichter zu bearbeiten, weil Sie nicht nur Kontrahenten vor sich haben, sondern daneben auch Personen, die neutral sind oder konstruktive Ideen einbringen.

Schließlich zum Abschluss des Themas Konflikt: Beratung kann keine heile Welt schaffen. Es gibt Situationen, wo sich der Regelkreis zwischen Team und Vorgesetzten nicht auflösen lässt. Auch das kann das Ergebnis sein: Beratung kann Transparenz schaffen und den Raum möglicher Lösungen ausloten. Wenn sich ein Regelkreis nicht auflösen lässt, dann verändert sich das Thema: Wie können wir dann mit dieser Situation umgehen? Vielleicht können wir gelassener damit umgehen, bisherige vergebliche Lösungsversuche nicht wiederholen – change it, love it, leave it!

LITERATURTIPP

Ein Klassiker ist immer noch:

- Glasl, F. (2020): Konfliktmanagement. 12. Auflage. Bern, Stuttgart: Freies Geistleben

Darüber hinaus gibt es eine Fülle von Literatur zu Konfliktlösung. Exemplarisch seien genannt:

- Jiranek, H./Edmüller, A. (2021): Konfliktmanagement. 6. Auflage. Freiburg: Haufe
- Knapp, P. (2021): Konfliktlösungs-Tools. 7. Auflage. Bonn: managerSeminare

UMGEHEN MIT WIDERSTAND

BEISPIEL: DAS MITTLERE MANAGEMENT ZIEHT NICHT MIT!

Im Treffen der Changebegleiterinnen eines Veränderungsprozesses wird geklagt: »Wir argumentieren und argumentieren. Aber da sind einige, die wollen einfach nicht einsehen, dass der Change notwendig ist. Was sollen wir tun?«

Es gibt wohl keinen Veränderungsprozess, bei dem kein Widerstand auftritt. Das kann offen oder passiv erfolgen: Offener Widerstand bedeutet, dass man immer wieder Einwände bringt, dass man sich möglicherweise weigert, bestimmte Maßnahmen umzusetzen. Passiver Widerstand könnte darin bestehen, dass man zwar allen Veränderungen zustimmt (»Natürlich muss das umgesetzt werden«), aber nichts geschieht.

Im Alltag wird Widerstand in der Regel kausal auf der Basis eines Ursache-Wirkungs-Denkens erklärt. In unserem Beispiel sind die Beraterinnen davon überzeugt, dass die betreffenden Führungskräfte nicht wollen – und versuchen, mit mehr Argumentation zu überzeugen. Doch offenbar ist das nicht gelungen. Und das heißt: Widerstand hat nicht eine Ursache, den oder die Schuldigen, sondern ist eine Systemeigenschaft, wobei unterschiedliche Faktoren sich wechselseitig bedingen. Die Beraterinnen haben sich in unserem Beispiel in einem Regelkreis verfangen: Sie versuchen zu argumentieren, aber auf jedes neue Argument folgen nur neue Gegenargumente.

Hier gilt, was wir zu Regelkreisen allgemein festgestellt haben: Widerstand unterbrechen bedeutet, Regelkreise zu unterbrechen. Dafür gibt es auf den verschiedenen Ebenen des sozialen Systems unterschiedliche Ansätze.

ETWAS ANDERES TUN: Wenn die Beraterinnen bislang immer versucht haben, die betreffenden Führungskräfte mit Argumenten von der Notwendigkeit der Veränderung zu überzeugen, dann gilt als Erstes, damit aufzuhören. Was stattdessen »das Andere« sein kann, dafür gibt es unterschiedliche Möglichkeiten, zum Beispiel:

- die betreffenden Personen fragen, was genau ihre Bedenken sind,
- überlegen, wie sich diese Bedenken bearbeiten lassen,
- die betreffenden Führungskräfte einbinden und gemeinsam ein Konzept entwickeln,
- oder das Gegenteil davon: die Veränderung nicht mehr diskutieren, sondern einfach umzusetzen.

DIE SITUATION ANDERS DEUTEN. Die bisherige Deutung der Beraterinnen war offenbar: »Die wollen nicht.« Aber es sind unterschiedliche Deutungen der Situation möglich, aus denen sich dann unterschiedliche Interventionen ergeben. Zum Beispiel:

- Die betreffenden Personen verstehen nicht, warum die Veränderung notwendig ist, oder sie glauben, darum herumzukommen. Wenn jemand glaubt, um eine Veränderung herumzukommen, wird er argumentieren, Widerstand zeigen. Wenn klar ist, dieser Change wird durchgeführt, wird die betreffende Person anfangen, sich darauf einzurichten.
  Für John Kotter, einen der Klassiker des Changemanagements, ist »Einsicht in die Notwendigkeit« einer der wichtigsten Treiber (Kotter 2015): Die Situation nicht schönreden, nicht herunterspielen, sondern klare Botschaften senden.
- Ganz häufig stehen hinter Widerstand emotionale Gründe. Versetzen Sie sich in die Situation einer Führungskraft, die lange Jahre gut ihre Aufgaben erledigt hat – und mit der Einführung agilen Arbeitens jetzt loslassen soll. Dass eine solche Situation Angst auslöst, ist nachvollziehbar: »Bin ich jetzt nichts mehr wert? Ist plötzlich alles falsch, was ich bisher gemacht habe?« Hier machen Argumente über die Notwendigkeit des Change keinen Sinn. Es gilt, von der rationalen auf die emotionale Ebene zu wechseln: ihre Erfahrungen wertschätzen, vielleicht Coaching als Unterstützung anbieten, um ihre neue Rolle zu finden.
- Den Führungskräften fehlen entsprechende Kompetenzen. Eine Führungskraft weiß nicht, wie sie ihre neue Rolle als Product Owner oder Fachexpertin ausfüllen soll. Auch hier ist Unterstützung notwendig: Was ist die Rolle des Product Owners? Was heißt laterale Führung ohne disziplinarische Verantwortung?

REGELN VERÄNDERN: Das kann bedeuten, dass man neue Regelsysteme (zum Beispiel Regeln agilen Arbeitens) einführen muss. Es kann aber auch sein, dass bisherige »geheime« Regeln, die hinter dem Widerstand stehen, geändert werden müssen: »Wenn ein Change kommt, lehne dich zurück, auch dieser Change wird vorübergehen!« Hier gilt es zu analysieren, welche Regeln in diesem Zusammenhang relevant sind und Möglichkeiten der Veränderung solcher Regeln überlegen.

DIE UMWELT ODER SYSTEMGRENZEN VERÄNDERN: Corona ist ein Beispiel dafür. Alle Argumente gegen flexibles Arbeiten hatten sich in dem Moment erledigt, als es durch die Pandemie gar keine andere Möglichkeit mehr gab. Auch die Veränderung der Bürolandschaft im Kontext von New Work kann dazu führen, dass sich der Widerstand gegen neue Arbeitsformen verringert.

Systemgrenzen verändern kann bedeuten, sie durchlässiger zu machen (zum Beispiel bereichsübergreifende Teams einzuführen) – oder auch das Gegenteil: die Veränderung zunächst auf einen Piloten zu beschränken und hier Erfahrungen zu sammeln.

DEN RICHTIGEN ZEITPUNKT WÄHLEN: Veränderungen laufen nie geradlinig, sondern in Sprüngen. Manchmal muss man abwarten, manchmal müssen Veränderungen sehr schnell umgesetzt werden. Wenn ich denke, dass ich um eine Veränderung herumkomme, werde ich versuchen, zu verhandeln – hier ist schnelle Umsetzung erforderlich. Wenn mir klar wird, ich komme um diese Veränderung nicht herum, folgt zunächst häufig ein emotionaler Tiefpunkt. Hier macht es keinen Sinn, gleich Ideen zu entwickeln – hier heißt es, Zeit zum Verarbeiten lassen, Verständnis zeigen, emotionale Unterstützung anbieten. Erst danach können konstruktiv neue Ideen entwickelt werden.

LITERATURTIPP

- Lauterburg, C./Doppler, K. (2014): Widerstand im Change-Management-Prozess. Frankfurt am Main: Campus
- Schöffner, G. (2020): Changeprozesse positiv gestalten. Stuttgart: Schäffer-Poeschel

Systemumwelt und Systemgrenzen

BEISPIEL: ÜBER NACHT INS HOMEOFFICE

Frau Kunze ist Mitarbeiterin in einer größeren Versicherung. Doch dann kam Corona. Gleichsam von einem auf den anderen Tag war Homeoffice angesagt. Eine Fülle von Problemen tat sich auf: Wo kann zu Hause am besten gearbeitet werden? In der häuslichen Wohnung hatte sie kein eigenes Arbeitszimmer. Das Wohnzimmer war durch die Kinder belegt, die Küche durch den Partner – also blieb anfangs nur das Schlafzimmer. Wie kann sie den Tag strukturieren? Bislang waren Arbeit und Familie deutlich getrennt. Plötzlich verwischten sich die Grenzen.

Systemumwelt, das ist zum einen die materielle Umwelt, die Technik, der Arbeitsplatz, die neue Konzernzentrale, die gerade gebaut wird. Zum anderen gehören zur Systemumwelt auch andere soziale Systeme, die die Situation beeinflussen. In unserem Beispiel ist es vor allem die Familie, die auf die Situation einwirkt, aber auch das politische System mit immer wieder neuen Corona-Verordnungen und ebenso die Unternehmensleitung, die Richtlinien festsetzt.

Soziale Systeme müssen sich in ihrer materiellen Umwelt einrichten oder sie passend gestalten. Sie benötigen ferner ausbalancierte Systemgrenzen zu anderen sozialen Systemen.

MATERIELLE UMWELT: Zur materiellen Umwelt gehören die dinglichen Gegebenheiten, mit denen sich das soziale System konfrontiert sieht. Das schließt die räumliche Umgebung wie zum Beispiel Büros ein, aber ebenso die technische Ausstattung und das Vorhandensein von Ressourcen, wie zum Beispiel Geld oder Zeit.

Die materielle Umwelt wirkt immer auf das soziale System ein: Wenn ein Team z. B. Kollaborationssoftware einführt, verändert sich die Art und Weise der Zusammenarbeit.

Die materielle Umwelt, beeinflusst das soziale System – und sie ist zum anderen Gestaltungsfeld bei der Veränderung eines sozialen Systems. Daraus ergeben sich folgende Prozessfragen.

METHODE: PROZESSFRAGEN FÜR DIE ANALYSE DER MATERIELLEN UMWELT

- Welchen Einfluss hat die Einrichtung des Büro- oder Arbeitsplatzes auf das soziale System? Wie wird die Umwelt gedeutet? Welche Regeln gelten? Welche Kultur wird dabei deutlich?
- Welche Möglichkeiten gibt es, die Umwelt passend für das soziale System zu gestalten? Wo und wie lassen sich Technik, Arbeitsplatzgestaltung und die vorhandenen Ressourcen nutzen?

SOZIALE UMWELT: Die soziale Umwelt eines sozialen Systems besteht aus den anderen sozialen Systemen, von denen sich das System mehr oder weniger abgrenzt. Für ein Team können das andere Teams, das System der Führungskräfte, das Kundensystem und natürlich die verschiedenen Familiensysteme sein.

Innerhalb eines sozialen Systems können wiederum verschiedene Subsysteme bestehen: das Subsystem der »Alten« und der »Neuen«, Subsysteme entsprechend der Herkunft von verschiedenen Standorten, die im Laufe der Zeit in die Organisation integriert wurden.

Was man jeweils als System, was als Umwelt betrachtet, lässt sich nicht allgemein definieren, sondern hängt von der Fragestellung ab. Wenn es um die Beratung eines Teams geht, dann ist das Team das soziale System. Andere Teams, andere Abteilungen, auch der Kundenkreis und die Lieferanten wären Teil der Umwelt. Je nach Fragestellung wird man dann entscheiden, ob die Führungskraft als Teil des Systems oder als Systemumwelt betrachtet wird.

SYSTEMGRENZEN: Soziale Systeme sind durch Systemgrenzen voneinander abgegrenzt. Systemgrenzen werden durch soziale Regeln definiert, die festlegen, was in das System kommen beziehungsweise was nach außen gegeben werden darf. Es gibt (explizite oder implizite) Regeln, die festlegen, wann und mit welchen Themen der Vorgesetzte ins Team kommen darf. Dabei kann die Systemgrenze mehr oder weniger geschlossen sein.

- *Geschlossene Systemgrenzen* führen zur Abschottung: In einem Forschungsinstitut stellt sich erst im Nachhinein heraus, dass zwei Arbeitsgruppen das gleiche Thema bearbeitet hatten – ohne miteinander zu kommunizieren.
- *Zu durchlässige Systemgrenzen* führen zu der Auflösung eines sozialen Systems: Wenn die Vorgesetzte in sämtliche Aktivitäten des Teams einbezogen wird, löst sich das Team als eigenständiges, vom Vorgesetztensystem abgegrenztes System auf.
- Schließlich können *Systemgrenzen diffus* sein, die Regeln zur Abgrenzung sind nicht eindeutig: Unter welchen Bedingungen darf man zu einem Konkurrenten Kontakt aufnehmen? Darf man ohne vorherige Zustimmung der Führungskraft Kontakt zur Nachbarabteilung aufnehmen?

Systemische Organisationsberatung bedeutet, ein soziales System zu unterstützen, die Systemgrenzen »passend« zu gestalten, sie zu klären und je nach der Situation sich mehr abzugrenzen oder sie durchlässiger zu gestalten. Das heißt, es sind vorhandene Regeln zu klären und möglicherweise abzuändern. Das konkrete Vorgehen haben wir im Kapitel »Soziale Regeln« dargestellt.

Entwicklung: Der Weg von der Vergangenheit in die Zukunft

BEISPIEL: DIE NEUE GENERATION ÜBERNIMMT DAS RUDER

Die Firma Holzkamp ist ein Familienunternehmen mit 350 Mitarbeitenden. Sie wurde vor rund 60 Jahren vom Großvater des jetzigen Inhabers gegründet. Jetzt ist seit über 20 Jahren der Enkel des Gründers, Horst Holzkamp, Inhaber und Geschäftsführer. In seiner Zeit ist das Geschäft erfolgreich gewachsen – aber es zeigen sich erste Probleme: Das Unternehmen verliert Kunden, bei den Mitarbeitenden macht sich Unzufriedenheit breit.

Horst Holzkamp weiß, er kann die Situation und den Stress auf die Dauer nicht durchhalten. Er möchte das Unternehmen weitergeben an seine beiden Söhne, die derzeit in ähnlichen Unternehmen tätig sind. Doch er weiß, dass der Übergang schwierig werden wird. Eine Organisationsberaterin soll den Prozess begleiten.

Das Denken der Mitarbeitenden, die Wertvorstellungen, das Auftreten bei den Kundinnen und Kunden, die Art der Führung – die derzeitige Situation ist von der Vergangenheit beeinflusst:

- Im Laufe der Geschichte hat sich ein »patriarchalischer« Führungsstil etabliert. Das führt zurück auf den Gründer, der selbst angepackt und Entscheidungen getroffen hat – und damit auch erfolgreich war. Dieser Stil ist von Generation zu Generation weitergegeben worden. Der jetzige Inhaber, Horst Holzkamp, ist überzeugt davon, dass er genau weiß, was richtig ist: Er gibt Anweisungen.
- Mitarbeitende haben sich an diesen Stil gewöhnt. Schließlich sind die Arbeitsplätze seit Jahrzehnten sicher. Sie haben sich angepasst und lehnen sich zurück: Der Chef muss entscheiden.

- Daraus haben sich bestimmte Regelkreise entwickelt: Mitarbeitende treffen keine Entscheidungen, sie überlassen dem Chef die Entscheidung. Sie haben zugleich eine Regel gelernt, die Entscheidungen ihres Chefs nicht infrage zu stellen.

Gegenwärtige Probleme haben ihre Wurzeln in der Geschichte. Zugleich resultieren aus der Geschichte auch Ressourcen, die der Organisation helfen zu überleben. Beim genannten Beispiel sind es sicherlich der große Einsatz der jeweiligen Inhaber, der zum Erfolg beigetragen hat – und zugleich die Loyalität der Mitarbeitenden.

Damit stellen sich für Herrn Holzkamp folgende Fragen: Was muss verändert werden? Was soll beibehalten werden? Dies sind Fragen, die für Changeprozesse zentral sind, aber häufig nicht ausreichend konsequent verfolgt werden. Veränderung bedeutet keineswegs, alles über den Haufen zu werfen. Sondern in jedem Veränderungsprozess gibt es Faktoren, die verändert werden müssen – aber ebenso solche, die bewahrt werden sollten.

Für Herrn Holzkamp ist klar: Was er bewahren will, sind das Engagement, das in der folgenden Generation ebenfalls notwendig sein wird. Auch das Gemeinschaftsgefühl, das unter den Mitarbeitenden besteht, soll Bestand haben. Doch was muss verändert werden? Schließlich: Wie kann der Übergang in die neue Generation vollzogen werden? Diese Themen sind Bestandteile von Organisationsberatungsprozessen.

METHODE: PROZESSFRAGEN ZUR ENTWICKLUNG SOZIALER SYSTEME

- Inwieweit beeinflusst die Geschichte des Systems die gegenwärtige Situation?
- Welche Probleme resultieren aus der Vergangenheit?
- Was ist heute anders als in der Vergangenheit?
- Was sind Möglichkeiten, diese Probleme heute (anders) zu lösen?

- Was sind die Ressourcen, die der Organisation geholfen haben, erfolgreich zu sein?
- Was aus der Vergangenheit sollte bewahrt werden? Was muss verändert werden?
- Was sind Treiber und Bremser der Veränderung?

Die Geschichte eines Teams, einer Organisation wird in gemeinsamen subjektiven Deutungen und Regeln tradiert. Sie wird aber insbesondere tradiert in Bildern und Geschichten, die von Generation zu Generation weitergegeben werden. Bilder und Geschichten wirken nicht auf der rationalen, sondern auf der emotionalen Ebene. Man mag sich noch zehnmal sagen, dass die Werte des Unternehmens Holzmann bewahrt werden müssen – wenn es nicht gelingt, das im emotionalen Gedächtnis der Organisation, also in den in ihr agierenden Personen, zu speichern, wird es vermutlich wirkungslos bleiben. Damit können wir bisherige Liste von Prozessfragen um folgende Fragen ergänzen.

METHODE: DAS EMOTIONALE WISSEN DER ORGANISATION NUTZEN UND VERÄNDERN

- Welche Geschichten werden über die Organisation erzählt?
- Welche Geschichten werden vom Gründer erzählt?
- Welche Bilder gibt es von der Organisation?
- Welche Metaphern beschreiben die Organisation? Wird sie als eine Maschine beschrieben, als ein Ameisenhaufen (das kann durchaus positiv sein), als ein Irrgarten, in dem man sich verläuft?
- Wie lässt sich die Organisation bildlich darstellen?
- Sind die Bilder für die heutige Situation noch angemessen? Können oder müssen sie verändert werden?

Übrigens: Im eingangs erwähnten Beispiel der Firma Holzkamp war es ein entscheidender Schritt, die Geschichten der Firma weiterzugeben. In einem Workshop und anschließend in einer Großveranstaltung wurden die Geschichten der Gründung und herausragende Ereignisse erzählt.

ENTWICKLUNGSMODELLE

Zur Gliederung der Entwicklung gibt eine Reihe von Entwicklungsmodellen, die Sie in der Organisationsberatung nutzen können.

PHASEN DER TEAMENTWICKLUNG: Vermutlich kennen Sie die Phasen Forming, Storming, Norming, Performing, später ergänzt durch eine Phase Adjourning, die Abschlussphase. Oder: Orientierungsphase (Forming), Konfliktphase (Storming), Arbeitsphase (Norming/Performing) und Abschlussphase (Adjourning).

- *Orientierungsphase (Forming):* Wenn sich ein Team zusammenfindet, steht am Anfang in der Regel eine Phase gegenseitiger Orientierung. Man kann die anderen Personen noch nicht einschätzen, ist sich unsicher bezüglich Auftrag und Ablauf. Man geht vorsichtig miteinander um, orientiert sich an allgemein geltenden Umgangsregeln, Konflikte werden selten bereits am Anfang ausgetragen. Aufgabe ist, hier Orientierung zu geben: Was ist der Auftrag, wie sehen die einzelnen Personen einander, und ein gemeinsames Regelsystem zu etablieren.
- *Konfliktphase (Storming):* Eine Konfliktphase (sie muss nicht immer auftreten) ist dadurch gekennzeichnet, dass die Positionen und die Regeln strittig sind. Wer hat das Sagen? Wie werden Nähe und Distanz bestimmt? Sollten wir nicht andere Regeln haben? Die Konsequenz in dieser Phase sind häufig lange Verfahrensdiskussionen, Konflikte, schlechte Stimmung.

- *Arbeitsphase (Norming/Performing):* Die Arbeitsphase ist durch ein gemeinsames Regelsystem für den Umgang miteinander und erfolgreiches Arbeiten gekennzeichnet.
- *Abschlussphase (Adjourning):* Die Abschlussphase, in ihrer Wichtigkeit oft unterschätzt, ist auf der inhaltlichen Ebene der Abschluss der Aufgaben, auf der Systemebene die Auflösung eines sozialen Systems. Was geschieht mit den einzelnen Personen? Werden die Teammitglieder wieder auf unterschiedliche Linienaufgaben verteilt?

PHASEN DER UNTERNEHMENSENTWICKLUNG: Es gibt Phasenmodelle für die Entwicklung einer Organisation. So unterscheidet Knut Bleicher (2017, S. 571 ff.) sechs Phasen: Pionier-, Markterschließungs-, Diversifikations-, Akquisitions-, Kooperations- sowie Restrukturierungsphase.

PHASEN VON CHANGEPROZESSEN: Die Psychiaterin Elisabeth Kübler-Ross hat in den 1960er Jahren ein Phasenmodell zur Trauerbewältigung entwickelt, das mittlerweile häufig auf den Umgang mit Veränderungen allgemein übertragen wird (zum Beispiel Kostka/Mönch 2009, S. 11):

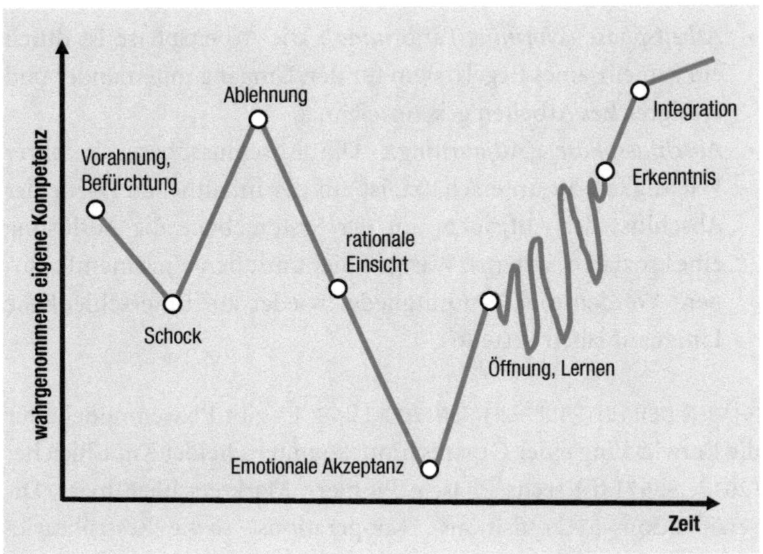

Phasenmodelle sind nie reine Abbildung der Wirklichkeit, sondern sind Modelle, die die Aufmerksamkeit auf bestimmte Sachverhalte lenken: Das Modell der Teamphasen zum Beispiel weist darauf hin, dass bestehende Regeln strittig werden und dann zu Machtkämpfen führen können, die Phasen von Changeprozessen darauf, dass es bei negativen Erfahrungen (zum Beispiel einer Kündigung oder Umstrukturierung) wenig hilfreich ist, sofort mit Lösungen zu kommen.

Sie können solche Phasenmodelle als Anregung im Beratungsprozess nutzen. Eine Alternative ist, dass ein Team, eine Organisation oder auch eine Person ein eigenes Phasenmodell entwickeln.

METHODE: PROZESSFRAGEN FÜR DIE ENTWICKLUNG EINES PHASENMODELLS

- In welche Phasen lässt sich die Entwicklung der Organisation, des Teams, des Projekts – oder auch die eigene berufliche Entwicklung gliedern?
- Was wäre eine Überschrift oder ein Bild für die jeweilige Phase?

- Was kennzeichnet die jeweilige Phase? Was waren Erfolge? Was Herausforderungen, Probleme und Niederlagen?
- Was hat damals geholfen, Erfolge zu erreichen oder Probleme zu bewältigen?
- Wenn man die bisherigen Phasen betrachtet: Welche Phase sollte sich anschließen? Was wäre eine Überschrift, ein Bild für diese Phase? Was wären die Merkmale?
- Um diese Phase zu erreichen: Was muss verändert werden? Was sollte bewahrt bleiben?
- Was sind die Treiber und Bremser, um diese neue Phase zu erreichen?

Der Vorteil liegt darin, dass ein System (oder eine Person) sich mit der eigenen Geschichte auseinandersetzt und sie nutzt, sich die eigenen Ressourcen bewusst zu machen. Dabei schließt sich an die Klärung der eigenen Geschichte nahezu nahtlos eine Lösungsphase an, in der zum Beispiel die Vision für die Zukunft (die Vision der neuen Phase) erarbeitet wird.

THEORETISCHER HINTERGRUND UND LITERATUR

Es gibt eine Reihe von systemtheoretischen Konzepten, in denen Systeme als lebende, sich entwickelnde Systeme verstanden werden – exemplarisch sei hier Frederic Vester erwähnt. Sein Buch »Unsere Welt – ein vernetztes System« (1991) ist immer noch lesenswert.

LITERATUR

Einen Überblick über verschiedene Entwicklungsmodelle gibt zum Beispiel:

- Marek, D. (2010): Unternehmensentwicklung verstehen und gestalten. Wiesbaden: Gabler

Um die Geschichte (die eigene oder die der Organisation) zu verstehen und zu nutzen, bieten folgende Bücher hilfreiche Anregungen:

- Denborough, D. (2017): Geschichten des Lebens neu gestalten. Göttingen: Vandenhoeck & Ruprecht
- Müller, M. (2017): Einführung in die narrativen Methoden der Organisationsberatung. Heidelberg: Carl-Auer

Konkrete Fragen zu den einzelnen Phasen von Teamorganisationsprozessen finden Sie bei:

- Vater, S./Hoch, R. (2021): Kartenset Systemische Teamorganisationsprozesse. Weinheim, Basel: Beltz

Teil 4

Handlungsfelder

Strategie und Change

BEISPIEL: WIR MÜSSEN UNS ANDERS AUFSTELLEN

Der Bildungsbereich eines größeren Unternehmensverbunds muss sich neu aufstellen. Bislang hatte man vorwiegend Fortbildungen angeboten. Es gab dafür einen Katalog, aber die Nachfrage und die Teilnehmerzahlen stagnieren. Daneben gab es die eine oder andere Anfrage zum Beispiel für die Moderation von Workshops, aber auch das hielt sich in Grenzen. Zunehmend werden Stimmen im Management laut, ob man denn nicht die gesamte Bildungsabteilung verkleinern könne: »Das ist doch nur ein Kostenfaktor!«

»Wir müssen uns anders aufstellen!«, so die Einschätzung im Leitungsteam. Doch wie gehen wir da vor? – Was hier fehlt, ist eine konkrete Strategie.

STRATEGIE: WAS IST DAS?

Strategie, so formuliert 1890 der preußische Generalfeldmarschall Karl Bernhard von Moltke, ist die »Fortbildung des ursprünglich leitenden Gedankens entsprechend den stets sich ändernden Verhältnissen« (Hinterhuber 2007, S. 121 ff.). Strategie bedeutet, sich nicht in Einzelmaßnahmen zu verlieren, sondern in sich ändernden Situationen die »große Linie« beizubehalten.

In den 1950er-Jahren wurde der Strategiebegriff auf den Organisationskontext übertragen. Strategie, so formuliert 1961 Alfred Chandler, Wirtschaftshistoriker in Harvard, ist das »Setzen langfristiger Ziele, die Zuteilung vorhandener und erwarteter Ressourcen und die Wahl zieladäquater Maßnahmen« (Chandler 1962). Dabei wird Strategie zunächst als rationale langfristige Planung verstanden, wobei sich drei Teile unterscheiden lassen:

- Festlegung der Ziele
- Klärung der Ist-Situation
- Festlegung von strategischen Schwerpunkten und Maßnahmen

Allerdings erwies sich dieses ursprüngliche Konzept rein rationaler Planung relativ schnell als wenig tragfähig. Henry Mintzberg, Professor an der McGill Universität in Montreal, kritisiert an den klassischen Strategiekonzepten die Illusion der Steuer- und Kontrollierbarkeit der Organisation, den Glauben an die Vorhersagbarkeit der Zukunft und den Glauben an die Formalisierbarkeit des strategischen Managements (Mintzberg 1995, S. 263 ff.). Strategie ist das Ergebnis eines komplexen Interaktionsprozesses: Erfolgreiche Strategie setzt Veränderung des Denkens und der Interaktion zwischen den Beteiligten voraus.

Daraus ist ein zweiter Ansatz – zunächst als Ergänzung zur rationalen strategischen Planung – entstanden: Changemanagement. Veränderung, so Everett Rogers (2003; ursprünglich 1962), einer der Pioniere des Changemanagements, lässt sich nur begreifen, wenn man die Kommunikation und die Auswirkungen auf die Betroffenen in den Blick nimmt. Veränderung – so die Hauptthese – ist zunächst und vor allem Veränderung des Denkens und der Einstellung der Menschen.

Das grundlegende Modell zur Beschreibung eines am Menschen orientierten Veränderungsbegriffs wurde durch Kurt Lewin geschaffen. Die Hauptthese ist, dass Veränderungen in Organisationen in ihrer Grundform immer in drei Phasen ablaufen:

- *Unfreezing* bezeichnet das Aufbrechen bisheriger Denkmuster und Haltungen sowie geltender Regeln und Gewohnheiten.
- *Moving* meint die Neuformierung dieser Denkmuster, Haltungen, Regeln und Gewohnheiten.
- *Freezing* wiederum ist der Übergang der neu gewonnen Denkmuster und Strukturen in einen dauerhaft stabilen Zustand.

Das wohl bekannteste Changemanagement-Konzept hat dann John P. Kotter auf der Basis einer Untersuchung von 50 Organisationen, die sich in Veränderungsprozessen befunden haben, entwickelt. Kotter beschreibt ein Modell (Kotter 2013, S. 29 ff.; Kotter 2015, S. 21 ff.), das sich in acht »Beschleuniger« (ursprünglich Phasen) unterteilen lässt.

METHODE: BESCHLEUNIGER ERFOLGREICHER VERÄNDERUNGEN IM ANSCHLUSS AN KOTTER

- Dringlichkeit bezogen auf eine große Chance aufbauen.
- Eine Führungskoalition aufbauen und weiterentwickeln.
- Eine strategische Vision und strategische Initiativen formulieren.
- Ein Heer von Freiwilligen mobilisieren.
- Beschleunigungsbarrieren abbauen.
- Kurzfristige Erfolge erzielen (und feiern).
- Weiter Gas geben.
- Den Wandel fest etablieren.

Strategie und Changemanagement, so das Ergebnis, sind keine Gegensätze. Auf der einen Seite muss Strategie, um erfolgreich zu sein, die menschlichen Faktoren berücksichtigen. Auf der anderen Seite muss Changemanagement als Weiterentwicklung von ganzheitlichen Veränderungsmaßnahmen die Handlungsfelder Strategie, Organisation, Kultur und Technologie einschließen (Vahs/Weiand 2020, S. 7).

Changemanagement, so lässt sich zusammenfassen, ist die Veränderung eines sozialen Systems. Daraus ergeben sich zwei Grundsätze systemischer Strategieentwicklung:

- Entwicklung einer Strategie ist keine technisch-rationale Planung, sondern muss immer die Bedeutung, die die beteiligten Personen diesem Prozess geben, und die Emotionen, die sie damit verbinden, mit in den Blick nehmen. Konsequenz daraus ist, dass an die Stelle der Ausrichtung des Prozesses auf langfristige Ziele die Ausrichtung auf Sinn (Purpose) und Vision tritt: Sinn und Purpose sind nicht rational angesetzte Ziele, sondern sind emotional gespeicherte Bilder, die motivieren und Energie geben.

- Entwicklung einer Strategie ist keine starre langfristige Planung, sondern muss immer wieder überprüft, angepasst oder möglicherweise auch grundlegend verändert werden, Diagnose und Intervention sind schleifenförmig rückgekoppelt. Das führt zu iterativen oder agilen Strategiekonzepten wie Effectuation oder OKR (Objectives and Key Results).

Grundsätzlich lässt sich ein Strategieprozesses in drei Teile gliedern:

- Ausrichtung des Handelns an einem gemeinsamen »Sinn« (»Purpose«) und einer gemeinsamen Vision
- Klärung der Ist Situation im Blick auf Sinn und Vision: Was sind unsere Stärken? Was sind Schwachstellen? Was sind die Erwartungen der Stakeholder? Welche Umweltfaktoren müssen wir beachten?
- adaptive Festlegung von strategischen Schwerpunkten, Zielen und Maßnahmen im Blick auf Sinn und Vision

Bildlich lässt sich das wie folgt darstellen:

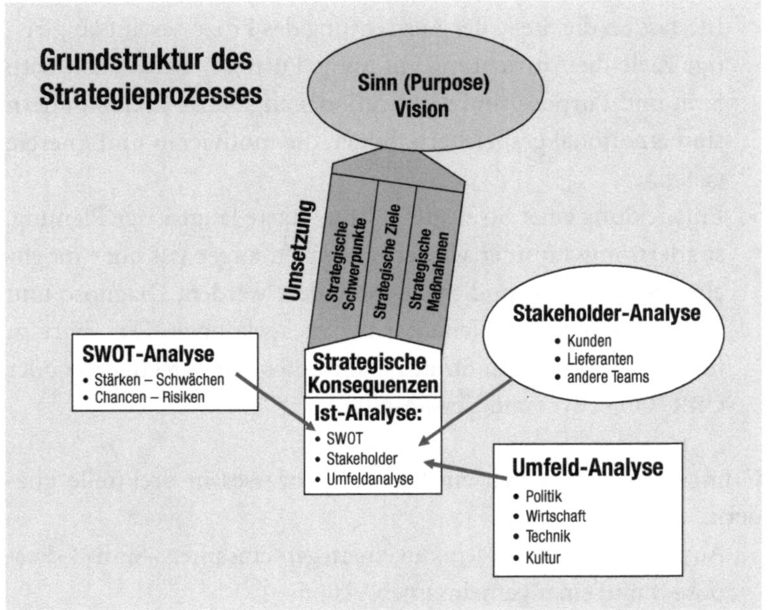

Strategieprozesse waren ursprünglich nur Thema großer Organisationen, sind aber gleichermaßen für Teams oder Einzelpersonen sinnvoll. Ein Team kann dabei begleitet werden, eine Vision zu entwickeln und im Blick darauf Prioritäten festzulegen. Karriereberatung mit einer Klientin kann als Strategieprozess mit folgenden Fragen geführt werden: Was ist ihre berufliche Vision? Was sind im Blick darauf ihre Stärken und Schwachstellen? Wer sind relevante Stakeholder? Welche Konsequenzen ergeben sich daraus, und was sind konkrete nächste Schritte?

Systemische Strategieberatung ist durch folgende Grundsätze gekennzeichnet:

- Im Rahmen systemischer Organisationsberatung sind es nicht die Berater, die aufgrund ihrer Daten die Strategie entwickeln, sondern die Betroffenen selbst – sei es ein Klient, der seine berufliche Strategie entwickelt, ein Team, das seine Teamstrategie erarbeitet, oder eine komplexe Organisation.

- Systemische Strategieentwicklung muss die Aufmerksamkeit ebenso auf die handelnden Personen und ihre subjektiven Deutungen richten wie auf die Strukturen und Prozesse, muss verdeckte Regeln ebenso beachten wie Regelkreise und die Beziehung zur Umwelt.
- Systemische Strategieentwicklung schließlich ist keine langfriste Planung, sondern ist ein agiler, iterativer Prozess, bei dem die Ausrichtung und die konkreten Vorgehensweisen immer wieder anzupassen und schrittweise zu entwickeln sind.

Der Start eines Strategieprozesses kann bei Sinn und Vision sein, aber durchaus auch bei der Ist-Analyse, wobei sich Sinn und Vision als nächster Schritt anschließen. Hier das Vorgehen im Einzelnen, wobei wir mit Sinn und Vision starten.

SINN (PURPOSE) ALS AUSGANGSPUNKT VON STRATEGIE UND CHANGE

»Wenn du ein Schiff bauen willst, schicke die Leute nicht Holz sammeln, verteile nicht die Arbeit und gib keine Befehle, sondern lehre sie stattdessen die Sehnsucht nach dem weiten und endlosen Meer« – dieser Antoine de Saint-Exupéry zugeschriebene Satz trifft das, worum es hier geht: Begeisterung zu wecken. Daraus ergibt sich ein deutlich anderes Vorgehen im Unterschied zu klassischen Strategieprozessen. Ein systemischer Strategieprozess beginnt nicht mit Zahlen und Fakten, nicht mit messbaren Zielen (»Wir müssen den Umsatz um 15 Prozent steigern«). Sondern der Prozess startet auf der emotionalen Ebene mit einem Purpose- oder Visions-Workshop.

Die Frage nach dem »Sinn« des Berufs oder allgemein des Lebens hat eine lange Tradition – und ist zugleich eine Frage, die sich im Alltag immer wieder stellt –nicht erst für die Generationen X, Y und Z: Warum arbeite ich eigentlich hier, in diesem Beruf? Warum tun wir das, was wir hier machen? Sinn ist offenbar etwas anderes als Karriere oder Geld. Sinn ist auf die eigenen Werte bezogen. Sinn kann sein, etwas zu gestalten, oder auch, Sicherheit für die Familie zu schaffen, anerkanntes Mitglied der Gruppe zu sein …

Schon Peter Drucker hat dieses Thema mit der Aussage »Culture eats strategy for breakfast« aufgegriffen. In den letzten Jahren wurde es durch das Buch »Frag immer erst: warum« von Simon Sinek (2014) bekannt. Er geht von der Feststellung aus, dass die meisten Organisationen (oder Personen) ihre Aufmerksamkeit zunächst auf das richten, was sie tun, welche Produkte oder Dienstleistungen sie entwickeln. Daran schließt sich die Frage nach dem Wie an: wie sie vorgehen, was ihre Arbeit von anderen unterscheidet. Aber entscheidend, so Sinek, ist die Frage nach dem Warum, dem »Purpose«: Was begeistert uns an unserer Arbeit, an unserer Organisation? Was ist der »Sinn« unseres Handelns? Purpose ist mittlerweile Ansatzpunkt für Strategieprozesse in zahlreichen Organisationen: »Freude am Fahren« (BMW), »Die Informationen dieser Welt organisieren und allgemein zugänglich und nutzbar machen« (Google), »Wir geben in Not geratenen Kindern eine Familie. Wir helfen ihnen, ihre Zukunft selbst zu gestalten. Wir tragen zur Entwicklung ihrer Gemeinden bei« (SOS Kinderdörfer), »Selbstwirksamkeit unterstützen« (Purpose einer Hochschule). Das sind alles Formulierungen, die die emotionale Ebene ansprechen, etwas, wofür es sich lohnt zu arbeiten.

Ein Purpose-Workshop startet dann damit, sich bewusst zu machen, wo die Stärken liegen, worauf man stolz ist, aber auch zu überlegen, was die Kundinnen und Kunden, die Mitarbeitenden, die Gesellschaft brauchen. Ergebnis ist dann ein kurzer Satz, ein Slogan, der emotional anspricht. Hier im Überblick die einzelnen Schritte.

METHODE: PROZESSFRAGEN PURPOSE

- Die eigenen Stärken bewusst machen: Was kann ich/können wir richtig gut? Worauf sind wir stolz?
- Etwas Sinnvolles tun: Was benötigen die Kundinnen und Kunden, die Mitarbeitenden? Was braucht die Gesellschaft?
- Was sind meine/unsere Werte, die ich/wir hier verwirklichen möchte?
- Was ist der Purpose meiner/unserer Arbeit?

VISION: DER BLICK NACH VORN

Auch eine Vision spricht die emotionale Ebene an. Aber im Unterschied zum Purpose ist sie deutlich auf die Zukunft bezogen. Sie ist, so lässt sich definieren, ein emotional gespeichertes Bild einer idealen zukünftigen Situation. Eine Vision, so formuliert Matthias zur Bonsen (1994, S. 63), »wird nicht gemacht, sondern entdeckt. Sie wird entwickelt. Sie entsteht dadurch, dass die Beteiligten in sich hineinhorchen und herausfinden, was sie wirklich wollen«.

Ein hilfreiches Vorgehen, das wir in zahlreichen Visions- und Purpose-Workshops anwenden, ist die Arbeit mit Symbolen, wie wir sie im Kapitel über analoge Verfahren beschrieben haben. Symbole oder Bilder aktivieren das emotionale Denken. Hier die einzelnen Schritte (ausführlicher König/Volmer 2018, S. 396 ff.).

METHODE: ERSTELLUNG VON VISION UND LEITBILD

- Voraussetzung ist, räumliche und zeitliche Distanz zum Tagesgeschäft zu schaffen: Für die Erstellung einer Vision muss man den Kopf frei haben. Vielleicht kurze Einführung geben: Was ist eine Vision?
- Hilfreich ist, zu Beginn Thema und Zeitpunkt der Vision zu formulieren. Zum Beispiel: Unser Team am 01.12.2025.

- Alle Teilnehmenden suchen sich ein Bild oder ein Symbol für die Vision (möglicherweise kann man auch verschiedene Bilder vorgeben). Wie im Abschnitt über analoge Verfahren beschrieben schreiben die Teilnehmenden zwei bis drei Eigenschaften (in der Einzelberatung auch mehr) auf, die an dem Bild auffallen, und anschließend die jeweilige Bedeutung.
- In einer Gruppe ist es hilfreich, die wichtigsten Bedeutungen zu punkten: Was sind die Begriffe, die wir in unsere Vision aufnehmen wollen?
- Zu den einzelnen Begriffen werden anschließend Leitsätze entwickelt. Dabei ist entscheidend, dass die emotionale Ebene angesprochen wird. Wichtig dabei ist: Leitsätze in der Gegenwart formulieren, keine Negationen, und keine Formulierungen mit »müssen« verwenden wie: »Wir müssen aufeinander Rücksicht nehmen!« Eine solche Formulierung erzeugt auf der emotionalen Ebene nur Druck. Daher so formulieren, als wäre der Zielzustand schon erreicht: »Wir nehmen aufeinander Rücksicht.« Ergebnis ist dann so etwas wie ein Leitbild mit vielleicht vier bis sechs Sätzen.
- Vision und Leitbild ankern: Vielleicht ein gemeinsames Bild auswählen, ein Logo dafür erstellen, die Leitsätze auf Plakate schreiben und aushängen, damit die Mitarbeitenden immer wieder daran erinnert werden.

Je nach der Teilnehmerzahl benötigen Sie für die Erarbeitung einer solchen Vision einen halben bis einen ganzen Tag – und können bei einem Zweitages-Workshop den zweiten Tag für die Umsetzung nutzen.

IST-ANALYSE

Die Ist-Analyse ist der Ausgangspunkt und damit der rationale Teil der Strategie. Hier fließen Daten, Zahlen und Fakten ein. Wenn klar ist, was wir im Blick auf Purpose und Vision schon haben und was fehlt, können im weiteren Verlauf strategische Schwerpunkte, Ziele und Maßnahmen entwickelt werden. Die Ist-Analyse umfasst drei Teile, die wir Ihnen im Folgenden vorstellen.

SWOT-ANALYSE: Ein erster Schritt ist in der Regel die SWOT-Analyse, die Erfassung von Stärken (Strengths), Schwächen (Weaknesses), Chancen (Opportunities) und Risiken (Threats) für das betreffende Strategievorhaben. Stärken und Schwächen beziehen sich auf die aktuelle Situation, Chancen und Risiken auf die Zukunft. Hilfreich kann sein, Stärken und Schwächen nach Themenfeldern (Produkte, Kundinnen und Kunden, Prozesse, Technik, Kompetenzen …) zu gliedern und eine zusätzliche Spalte mit Ideen anzufügen. Dann ergibt sich etwa folgendes Bild:

Stärken (**S**trenghts)	Chancen (**O**pportunities)	Ideen
Schwächen (**W**eakness)	Risiken (**T**hreats)	

STAKEHOLDER- UND KRAFTFELDANALYSE: Beide Vorgehensweisen haben wir Ihnen schon vorgestellt (s. S. 101 ff.). Sie können Sie auch hier nutzen.

METHODE: STAKEHOLDER- UND KRAFTFELDANALYSE IM RAHMEN VON STRATEGIEPROZESSEN

- Wer sind die Stakeholder? Das heißt: Wer sind die Personen oder Personengruppen, die den Erfolg der Organisation maßgeblich beeinflussen?
- Was sind Ihre Erwartungen?
- Was sind typische Vorgehensweisen?
- Welche Ideen ergeben sich daraus?

Oder Sie nutzen das Konzept der Persona (s. S. 104), indem Sie sich einzelne »typische« Stakeholder konkret vorstellen.

UMFELDANALYSE: Die Umfeldanalyse richtet den Blick auf die Systemumwelt. Kernfragen sind: Welche Rahmenbedingungen müssen wir berücksichtigen? Aber auch: Welche Trends sind zu erwarten?

Für das Erfassen der Trends ist die Szenariotechnik das gängige Verfahren. Ihre Grundannahme ist, dass sich die gegenwärtige Situation in verschiedene Richtung (Worst Case und Best Case) entwickeln kann. Dabei lassen sich verschiedene Szenariofelder (zum Beispiel das demografische, politische, wirtschaftliche, ökologische, technologische oder kulturelle Umfeld) unterscheiden.

Nun sind Trendaussagen gerade in instabilen Zeiten alles andere als zuverlässig. Dennoch zeichnen sich in bestimmten Bereichen (Digitalisierung, mobiles Arbeiten) sehr wohl Trends ab. Doch vor allem: Szenariotechnik macht sensibel für mögliche Entwicklungen.

Den Abschluss der Ist-Analyse bilden dann die strategischen Konsequenzen, also die Identifizierung der bisherigen Ergebnisse aus den jeweiligen Teilprozessen, die im Hinblick auf Sinn und Vision besonders entscheidend sind. Im Rahmen von Workshops ist es ein einfaches Verfahren, die Ergebnisse der Ist-Analyse zu punkten.

STRATEGIEUMSETZUNG

Sinn beziehungsweise Vision und Ist-Analyse bilden die Eckpunkte der Strategie. Offen ist dann die Frage nach dem Weg dahin: Was kann oder sollte getan werden, um den Purpose umzusetzen beziehungsweise sich der Vision anzunähern? Wir möchten Ihnen hier drei Vorgehensweisen vorstellen.

VOM PURPOSE UND DER VISION ZU STRATEGISCHEN SCHWERPUNKTEN, ZIELEN UND MASSNAHMEN:

Festlegung strategischer Schwerpunkte: Bleiben wir bei unserem Eingangsbeispiel des Bildungsbereichs. Hier gibt es eine Fülle von Themen, die in Angriff genommen werden könnten. Doch worauf sollen wir uns konzentrieren?

METHODE: FESTLEGUNG STRATEGISCHER SCHWERPUNKTE

Mit Blick auf Purpose und Vision stellt sich folgende Kernfrage: Auf welche Schwerpunkte sollen wir uns konzentrieren? Das heißt zugleich: Welche Themen können wir hintanstellen oder möglicherweise nicht mehr bearbeiten? Dabei lassen sich verschiedene Schwerpunkte unterscheiden.

- *Produktstrategien:* Sollen neue Produkte entwickelt oder sollte das bisherige Portfolio gestrafft werden? Bezogen auf unseren Bildungsträger: Soll das umfangreiche Bildungsangebot aus dem Katalog gestrafft werden?
- *Marktstrategien:* Mögliche Zielrichtungen sind zum Beispiel das Ausschöpfen vorhandener Märkte, Erschließung neuer Märkte, Rückzug aus bisherigen Märkten. Wenn bislang Führungskräfteschulungen im Mittelpunkt standen, soll man sich dann in der Zukunft stärker auf Mitarbeitende und Teams konzentrieren?
- *Prozessmanagementstrategien:* Können wir unsere Abläufe vereinfachen und standardisieren?

- *Technologiestrategien:* Wie kann die vorhandene Technik verbessert werden? Welche Themen eignen sich, zu denen wir zum Beispiel kürzere Webinare anbieten können?
- *Personalentwicklungsstrategien:* Müssen wir neue Kompetenzen im Bereich aufbauen? Welche sind das?

Festlegung strategischer Ziele: Wenn die strategischen Schwerpunkte definiert sind, steht als nächster Schritt die Definition von Zielen zu diesen Schwerpunkten an, wobei Ziele grundsätzlich »SMART« formuliert werden sollten: **s**pezifisch, **m**essbar, **a**nspruchsvoll, **r**ealistisch und **t**erminiert.

METHODE: FESTLEGUNG STRATEGISCHER ZIELE

- Welche Ziele setzen wir für die einzelnen Schwerpunkte an?
- Wie ist die Erreichung der Ziele zu überprüfen? Was können messbare Indikatoren für das Erreichen der Ziele sein?
- Wie können wir die Ziele »lösungsneutral« formulieren, ohne die Schritte der Bearbeitung bereits festzulegen?

Festlegung strategischer Maßnahmen: Welche Maßnahmen sind erforderlich, die Ziele zu erreichen? Wie organisieren wir die Bearbeitung: als Projekt, im Rahmen einer Fokusgruppe …?

In klassischen Strategieprozessen entsteht daraus ein umfangreicher langfristiger Plan, in dem Maßnahmen, Verantwortlichkeiten, Zeiten (auch Pufferzeiten) festgelegt sind.

Nur: Wir leben in der VUKA-Welt, in der langfristige Planung kaum mehr durchführbar ist. Die Alternative ist, Planung so zu gestalten, dass plötzliche Veränderungen möglichst schnell berücksichtigt werden. Das bedeutet den Wechsel zu einer agilen Planung in Sprints oder Zyklen, wobei jeweils am Schluss einer Phase die Planung für die nächste Phase erfolgt.

Die einfachste Vorgehensweise ist, dass man sich bei der bislang beschriebenen Vorgehensweise auf einen oder maximal zwei Meilensteine beschränkt und anschließend unter Berücksichtigung der erzielten Ergebnisse und zwischenzeitlicher Veränderungen die nächsten Abschnitte plant. Darüber hinaus wurden weitere Modelle iterativer Planung entwickelt. Zwei möchten wir Ihnen hier vorstellen: OKR und Effectuation.

OKR (Objectives und Key Results) wurde bereits in den 1970er-Jahren bei Intel entwickelt und wird heute in zahlreichen Organisationen eingesetzt. Ziel ist, eine Methode der Strategieumsetzung zu haben, die ein schnelleres Reagieren auf Veränderungen ermöglicht.

- Objectives sind (im Unterschied zu den meisten anderen Planungsverfahren) qualitative Ziele. Sie sind nicht messbar, sondern so formuliert, dass sie motivieren und Energie geben: »The objective is designed to get people jumping out of bed in the morning with excitement« (Wodtke 2016, S. 103).
- Key Results sind demgegenüber messbare Ergebnisse (Meilensteine auf dem Weg zum Ziel).
- Die Bearbeitung geschieht in Zyklen von etwa drei bis sechs Monaten. Ein Zyklus beginnt mit der Formulierung der Objectives und der Key Results, die Abarbeitung geschieht nach Möglichkeit in selbstorganisierten Teams, den Schluss bilden Review (Was ist das Ergebnis?) und Retrospektive (Wie war der Prozess?).

EFFECTUATION ist ein Konzept, das die indische Unternehmerin und spätere Professorin Saras D. Sarasvathy entwickelt hat. Ausgangspunkt war die Frage, wie erfolgreiche Unternehmerinnen und Unternehmer tatsächlich vorgehen. Sie machen, so die überraschende Antwort, keine aufwendige Strategie, erstellen keine Roadmap, sondern sie erkennen und nutzen Gelegenheiten.

Effectuation basiert auf vier Prinzipien (in Anlehnung an Faschingbauer 2021, S. 35 ff.):

- *Prinzip der Mittelorientierung:* Beginne bei dem, was du bist, was du weißt und wen du kennst, und nicht bei mythischen Zielen.
- *Prinzip des leistbaren Verlustes:* Orientiere deinen Einsatz am leistbaren Verlust – und nicht am erwarteten Ertrag.
- *Prinzip der Umstände und Zufälle:* Nutze Umstände, Zufälle und Ungeplantes als Gelegenheit, anstelle dich dagegen abzugrenzen.
- *Prinzip der Vereinbarungen und Partnerschaften:* Triff Vereinbarungen und bilde Partnerschaften mit denen, die bereit sind mitzumachen, statt dich abzugrenzen oder nach den richtigen Partnern zu suchen.

Dieses Konzept stellt die klassische Logik der Strategieentwicklung auf den Kopf: Man beginnt mit dem, was man hat, nicht bei dem, was man gern erreichen würde. Welche Kompetenzen, welche Technologie, welches Netzwerk … haben wir? Die nächste Frage ist: Was können wir damit alles machen?

Auf diese Weise sind übrigens zahlreiche Erfindungen gemacht worden. Denken Sie an die Erfindung der Post-its: Ihre Erfindung war zunächst ein Fehlschlag, denn das dahinterstehende Ziel war, einen Superkleber zu entwickeln.

Die Grundgedanken von Effectuation lassen sich gut in die systemische Strategieentwicklung integrieren. Dann ergibt sich etwa folgender Ablauf eines »agilen« Strategieprozesses.

METHODE: SYSTEMISCH-AGILE STRATEGIEENTWICKLUNG

Schritt 1: Mache dir deinen Purpose und deine Werte bewusst.

- Was ist der Sinn unseres Handelns?
- Was motiviert und begeistert uns?
- Was möchten wir als Einzelne beziehungsweise Einzelner, als Team, als Organisation in der Welt bewirken?
- Was sind die zentralen Werte, die wir bei allem Tun bewahren möchten?

Schritt 2: Mache dir bewusst, was du kannst, was du hast, und wen du kennst.

Der Ansatz ist hier, bei den vorhandenen »Mitteln« zu beginnen:

- Was können wir wirklich gut? Wo sind wir besser als andere? Was sind unsere Kernkompetenzen?
- Was macht uns richtig Spaß?
- Welche Ressourcen können wir nutzen? Das können vorhandene Kompetenzen, eine bestimmte Ausstattung, die regionale Lage ... sein.
- Welches Netzwerk haben wir? Wen kennen wir?

Schritt 3: Nutze Gelegenheiten als Chancen.

In der klassischen Strategieentwicklung werden Zufälle eher als hinderlich gesehen, hier dagegen als Chance. Das bedeutet, Gelegenheiten schaffen und sich die darin verborgenen Chancen bewusst machen: »If you have lemons, make lemonade!«

- Wo können wir interessante Leute kennenlernen? Wie sieht unser Netzwerk aus? Wie können wir es ausbauen?
- Was können wir mit dem, was wir sind und was wir haben, Neues entwickeln?
- Wie können wir neue Ideen entwickeln?

Ein Ansatz, den Sie hier nutzen können, ist Design-Thinking, zum Beispiel das Double-Diamond-Verfahren: Schnell möglichst viele Ideen zu entwickeln, davon vielleicht drei auswählen, viele Ideen zur Umsetzung entwickeln und abschließend überlegen, mit wem man wie in eine Umsetzung gehen könnte.

Schritt 4: Überlege dir, wie viel bist du bereit zu investieren (»affordable loss«).

Vermutlich kennen Sie das: Man hält an Projekten und Vorhaben fest, weil das bisher investierte »doch nicht umsonst gewesen sein darf«. Die Alternative ist, zuvor Grenzen festzulegen:

- Was sind wir bereit, in dieses Thema, dieses Projekt zu investieren – ohne unsere Existenz, unsere Familie ... auf Spiel zu setzen?
- Wie viel an Geld, an Zeit, an Energie wollen wir darauf verwenden?

Schritt 5: Bilde Kooperationen und Partnerschaften.
Es ist empirisch bestätigt, dass kooperative Strategien im Gegensatz zu konkurrenzorientierten deutlich im Vorteil sind:

- Mit wem können wir hier kooperieren?
- Wie können wir verschiedene Stärken gemeinsam nutzen?

Schritt 6: Arbeite in Sprints und Zyklen.
Die Umsetzung erfolgt dann wieder in einem iterativen Prozess, wobei Sie zum Beispiel auf OKR oder agiles Projektmanagement zurückgreifen können:

- Schwerpunkt definieren
- dafür ein motivierendes qualitatives Ziel und messbare Key Results festlegen
- die Zeit begrenzen und nicht überziehen
- jeden Sprint oder Zyklus mit Review und Retrospektive abschließen

STRATEGIEUMSETZUNG MIT ANALOGEN VERFAHREN: Das bislang beschriebene Vorgehen bei der Umsetzung ist ein (überwiegend) rationaler Prozess. Alternativ dazu kann das emotionale Denken genutzt werden, indem man den Strategieprozess als Reise (Journey), als Weg von der Ist-Situation zur Vision räumlich darstellt. Hier eine mögliche Vorgehensweise:

METHODE: STRATEGIEPROZESS ALS JOURNEY

- Nutzen Sie Pinnwände und positionieren Sie die Vision auf einer Pinnwand an das eine Ende des Raumes, die Ist-Analyse kommt an die entgegengesetzte Seite. Hilfreich ist, die Beteiligten jeweils kurz an diese Position zu stellen: »Wenn Sie heute auf die Vision blicken, wie geht es Ihnen? ... Nun stellen Sie sich zur Vision und schauen zurück ...«

- Das Team (oder die Einzelperson) geht den Weg bis zu einem ersten Meilenstein. Dieser wird mit einem Datum versehen und zum Beispiel mit einer Karte auf dem Boden markiert.
- Das Team (oder die Einzelperson) stellt sich beim Meilenstein auf und überlegt, was hier erreicht werden soll und was dafür konkret zu tun ist. Möglicherweise wird noch ein zweiter Meilenstein ins Auge gefasst.

Alternativ kann man die Journey auf mehrere Räume verteilen, wobei jeweils unterschiedliche Themen bearbeitet werden können.

WIEDER EINMAL: DIE SYSTEMEBENE

Es gibt wohl keinen Strategieprozess, der nicht irgendwann ins Stocken gerät: Die Termine werden nicht eingehalten, es tritt Widerstand auf, plötzlich werden andere Themen wichtiger ... In solchen Fällen gilt es, wieder den Blick auf die Systemebene zu lenken: Welche Personen müssen wir in den Blick nehmen? Was sind die subjektiven Deutungen? Welche (geheimen) Regeln spielen eine Rolle? Die Vorgehensweise gestaltet sich dann folgendermaßen.

PERSONEN UND IHRE SUBJEKTIVEN DEUTUNGEN: Häufig gibt es in Changeprozessen die Vorstellung, »wir müssen alle mitnehmen«. Doch vermutlich haben auch Sie die Erfahrung gemacht, dass das keineswegs immer möglich ist. In der Regel gibt es Unterstützende, aber auch Gegnerinnen und Gegner, die sich nicht überzeugen lassen. Hilfreich ist dafür die Unterscheidung zwischen verschiedenen Gruppierungen (im Anschluss an Vahs 2015, S. 291):

- *Innovatoren,* die den Wandel initiieren, ihre Energie für die Veränderung einsetzen und andere überzeugen. Innovatoren können im Topmanagement zu finden sein, häufig ergeben sich aber auch Veränderungsimpulse von unten nach oben.

- *Aktive Gläubige* sind Personen, die sich den Innovatorinnen anschließen und sich engagieren – entweder weil sie an die Sache glauben oder weil sie inhaltliche oder persönliche Ziele verfolgen.
- *Opportunisten* achten auf die jeweilige Stimmung. Ist die wahrgenommene Mehrheit gegen die beabsichtigte Veränderung, so folgt ihr die Gruppe der Opportunisten. Ist die Majorität dafür, so sind es die Opportunisten ebenfalls.
- *Abwartende und Gleichgültige* (meist die größte Gruppe) schauen erst einmal, wie es läuft, und lassen sich bei sich abzeichnenden Erfolg meist zum Mitmachen überzeugen.
- *Gegnerinnen und Gegner* sind diejenigen, die sich nicht überzeugen lassen wollen und nicht mit Argumenten oder Anreizen zu gewinnen sind.
- *Emigrantinnen und Emigranten* sind Personen, denen der Veränderungsprozess derart zuwiderläuft, dass sie die Organisation oder das Team verlassen oder innerlich emigrieren.

In vielen Fällen passiert es, dass wir uns in Veränderungsprozessen auf die Gegnerinnen und Gegner konzentrieren – in der Regel ohne Erfolg. Wir empfehlen daher die folgende Vorgehensweise.

METHODE: »GUIDING COALITION«

- Führen Sie eine Stakeholder- oder Kraftfeldanalyse durch, um einen Überblick über die Kräfte im Change zu bekommen.
- Konzentrieren Sie sich in Veränderungsprozessen zunächst auf die Innovatorinnen und aktiv Gläubigen: Bauen Sie, wie Kotter es formuliert, eine Guiding Coalition auf, suchen Sie Verbündete auf unterschiedlichen Ebenen.
- Sprechen Sie das Vorgehen mit Ihren Verbündeten ab und entwickeln Sie gemeinsam den Change.

- Arbeiten Sie mit denen, die Lust dazu haben. In Organisationen wird häufig anders vorgegangen: Es ist ein Thema zu bearbeiten, das Managementteam versucht, dieses Thema jemandem zuzuschieben, doch alle senken den Blick. Die Alternative ist, mit denen zu arbeiten, die dazu Lust haben (das müssen nicht Mitglieder des Managementteams sein).
- Setzen Sie auf Selbstorganisation: Gerade Führungskräfte oder Projektleitungen sind in Gefahr, in solchen Prozessen zu viel Verantwortung zu übernehmen.
- Legen Sie Verantwortlichkeiten fest: Kennen Sie das? Es ist vereinbart, dass eine Fokusgruppe sich um das Thema kümmert. Die Personen sind festgelegt – aber niemand fühlt sich zuständig, das erste Treffen zu organisieren. Die Alternative ist, lediglich eine verantwortliche Person festzulegen und alles Weitere der Selbstorganisation zu überlassen: auszusuchen, wer dabei mitarbeitet, wann der erste Termin ist, wie man vorgeht.
- Andererseits: Verwenden Sie möglichst wenig Zeit auf Gegner und Emigranten – das kostet sehr viel Zeit und Energie, und Sie erzielen wenig Wirkung.

SUBJEKTIVE DEUTUNGEN: Hier helfen Ihnen die Stakeholder-Analyse oder das Konzept der Persona: Welche Ziele verfolgen die einzelne Personen? Was sind die Motive, die dahinterstehen, dass sie diese Change unterstützen oder sich dagegen wehren?

SOZIALE REGELN: Change bedeutet immer Veränderung von sozialen Regeln – das Vorgehen dazu haben wir in Teil 3 ausführlich besprochen.

REGELKREISE: Wenn ein Strategieprozess stockt, wenn es nicht vorangeht, dann deutet das darauf hin, dass er sich in einem Regelkreis verfangen hat. Dann gilt, was wir bereits im Zusammenhang mit Regelkreisen gesagt haben:

- Auf das Gefühl achten: Treten wir im Change auf der Stelle – dann haben Sie sich in einem Regelkreis verfangen.
- Den Regelkreis dann anhand eines konkreten Beispiels analysieren.
- Verschiedene Möglichkeiten zur Unterbrechung überlegen: Etwas anderes tun. Was das andere sein kann, können Sie gemeinsam mit Ihrem Changeteam überlegen.
- Wichtig ist anschließend: konsequent umsetzen.

SYSTEMUMWELT: Change bedeutet immer auch, die materielle Umwelt einzurichten, technische, finanzielle Ressourcen zu schaffen und Systemgrenzen neu zu definieren.

Ein wichtiger Aspekt in diesem Zusammenhang ist das Thema ressourcen: Zeit, Energie, letztlich auch Geld. Doch Ressourcen sind nicht beliebig verfügbar. Konsequenz ist, in einem ersten Schritt Rahmenbedingungen so zu gestalten, dass Handlungsfreiräume geschaffen werden, die überhaupt die Umsetzung ermöglichen.

- Haben wir die materiellen und zeitlichen Ressourcen? Haben wir aber auch die erforderlichen fachlichen Kompetenzen der Mitarbeitenden? Falls nicht, könnte sich hieraus ein eigener strategischer Schwerpunkt ergeben.
- Ein in diesem Zusammenhang immer wieder auftretender Aspekt ist das Thema Zeit. Unsere Empfehlung: Versuchen Sie für sich und die übrigen Beteiligten Zeit für den Strategieprozess zu gewinnen. Erfahrungsgemäß lässt sich das Tagesgeschäft meist um etwa 15 bis 20 Prozent reduzieren – sei es, dass man Besprechungen reduziert und verkürzt, weniger aufwendige Berichte schreibt …
- Führen Sie konsequent Timeboxing ein: Den Zeitrahmen festzulegen, aber den Inhalt und den Umfang flexibel zu gestalten. Das gilt für größere Zeiteinheiten (Sprints, OKR-Zyklen) ebenso wie für kleinere Einheiten: Eine Stunde gezieltes Arbeiten führt nicht zu schlechteren, häufig zu besseren Ergebnissen als eine Fo-

kusgruppe, die sich wochenlang damit befasst. Zur Erinnerung das Pareto-Prinzip: In 20 Prozent der Zeit werden 80 Prozent des Ergebnisses erreicht. Die fehlenden 20 Prozent können Sie sich schenken!

ENTWICKLUNG DES SOZIALEN SYSTEMS: Veränderungsprozesse in Organisationen laufen nie gradlinig, sondern immer in Brüchen. Auf Phasen des Aufbruchs folgen Phasen der Stagnation oder sogar Phasen des Rückschritts.

Aufgabe einer systemischen Organisationsberatung ist daher, immer wieder zu überprüfen, in welchem Entwicklungsstand das soziale Systems sich befindet und wie es in seiner Entwicklung unterstützt werden kann. Dafür gilt es wieder, das Wissen des sozialen Systems zu nutzen: Wie beurteilen die Mitglieder des Systems den bisherigen Prozess? Was ist aus ihrer Sicht erreicht, was nicht? Welche Ideen haben sie für die nächsten Schritte?

LITERATURTIPP

Zu den Themen Strategie und Change gibt es eine Fülle von Handbüchern. Exemplarisch sei genannt:

- Augsten, T./Brodbeck, H./Birkenmeier, B. (2017): Strategie und Innovation. Wiesbaden: Springer Gabler
- Welge, M.K/Al-Laham, A./Eulerich, M. (2017): Strategisches Management. Wiesbaden und Berlin: Springer

Anregungen, die »quer« zum Mainstream liegen, finden Sie auch bei:

- Kühl, S. (2016): Strategien entwickeln. Wiesbaden: Springer

Zu Vision ist ein immer noch lesenswerter Klassiker

- Zur Bonsen, M. (1994): Führen mit Visionen. Wiesbaden: Gabler
- Werther, D. (2020): Vision – Mission – Werte. 2. Auflage. Weinheim, Basel: Beltz

Zu Effectuation, Purpose und agiler Strategieentwicklung allgemein:

- Faschingbauer, M. (2021): Effectuation. Stuttgart: Schäffer-Poeschel
- Oestereich, B./Schröder, C. (2020): Agile Organisationsentwicklung. München: Vahlen

Zum Thema Changemanagement finden Sie hilfreiche Anregungen zum Beispiel bei:

- Vahs, D./Weiand, A. (2020): Workbook Change Management. 3. Auflage. Stuttgart: Schäffer-Poeschel
- Roehl, H./Winkler, B./Eppler, M.J./Fröhlich, C. (2012): Werkzeuge des Wandels. Stuttgart: Schäffer-Poeschel
- Schmiedinger, C./Rasche, C./Thonfeld, E./Tuchen, K. (2021): Agile Transformation. München: Hanser
- Rohm, A. (2020): Change-Tools. Erfahrene Prozessberater präsentieren wirksame Workshop-Interventionen. 7. Auflage. Bonn: managerSeminare

Structure follows Process follows Strategy

BEISPIEL: LOGISTIKUNTERNEHMEN HOLLKAMP UNTER DRUCK

Das Logistikunternehmen Hollkamp ist seit Jahren erfolgreich am Markt etabliert und bietet seinen Kundinnen und Kunden ein breites Produktspektrum. Seit drei Jahren allerdings ist das Wachstum rückläufig. Der Blick auf die Konkurrenz zeigt: Digitale Vertriebsplattformen drücken dort die Kosten.

Jetzt hat das Unternehmen eine neue Strategie entwickelt. Es will schneller und flexibler werden und zugleich mehr standardisieren. »Doch wie müssen wir uns dafür aufstellen?« – so die Frage, die sich Bettina Anders, COO (Chief Operation Officer) des Unternehmens, stellt. Müssen wir mehr Abläufe digitalisieren? Können wir in selbstorganisierten Teams arbeiten?

Nehmen wir an, die Organisation, die Sie beraten, hat einen Strategieprozess erfolgreich gestartet. Es wurden gemeinsamer Purpose und gemeinsame Werte festgelegt sowie erste strategische Schwerpunkte definiert. Die Frage, die sich jetzt stellt: Müssen wir uns nicht im Blick darauf anders aufstellen? Können wir einzelne Abläufe verändern? Benötigen wir selbstorganisierte Teams? Wie sollen wir da vorgehen?

Jede Organisation benötigt Prozesse und Strukturen, um die einzelnen Tätigkeiten abzuarbeiten und zu koordinieren. Diese Strukturen können manchmal wenig formalisiert sein wie zum Beispiel in agilen Start-ups. Sie können aber auch sehr aufwendig und bürokratisch sein.

Dabei unterscheidet man grundlegend zwischen Organisationsstrukturen wie zum Beispiel einer Gliederung in Bereiche und Abteilungen, und den Prozessen, den einzelnen Abläufen – oder, wie man auch formuliert, zwischen Aufbau- und Ablauforganisation:

- Ein Prozess (denken Sie an den Entwicklungsprozess zur Entwicklung neuer Produkte oder den Onboardingprozess zur Integration neuer Mitarbeitender in die Organisation) ist definiert durch einen Anfangspunkt, eine daran anschließende Folge von Aktivitäten und einen Endpunkt, an dem ein bestimmtes Ergebnis erreicht werden soll.
- Die Aufbauorganisation (denken Sie an die klassische Gliederung in Bereiche und Abteilungen oder die Unterscheidung verschiedener Dezernate in einer Verwaltung) ist die vertikale und horizontale Gliederung der Organisation in einzelne Einheiten, seien es verschiedene Bereiche, verschiedene Business Units (BU), Führungsebenen, Projekte, selbstorganisierte Teams.

In der Organisationstheorie gilt im Anschluss an den Wirtschaftshistoriker Alfred Chandler seit den 1960er-Jahren »Structure follows strategy« oder erweitert »Structure follows process follows strategy«. Das ist von der Logik her plausibel: Erst muss ich wissen, wie ich die Zukunft erfolgreich bewältigen kann, dann kann ich mir überlegen, wie ich im Blick darauf die Abläufe gestalte und einzelne Organisationseinheiten strukturiere. Allerdings: In der Praxis ist der Weg viel komplexer. Ein Strategieprozess startet in einer zunächst vorgegebenen Struktur, es werden Purpose und Vision entwickelt und strategische Schwerpunkte definiert. Dann ist es natürlich berechtigt zu fragen, inwieweit die bestehenden Abläufe dem Purpose und der Vision entsprechen, ob sie vereinfacht werden können, ob wir mit der Organisationsgliederung in Bereiche gut aufgestellt sind. Eben um diese Fragen geht es in diesem Kapitel.

PROZESSMANAGEMENT

Prozessmanagement, so lässt sich definieren, ist die Modellierung, Verbesserung und Einführung von sogenannten Geschäftsprozessen, also den Abläufen in einer Organisation (Brecht-Hadraschek/Feldbrügge 2015). Prozesse sind durch Regeln geleitet: Es wird festgelegt, wie die Produktion, aber zum Beispiel auch das Bearbeiten von Anfragen oder das Entwickeln eines Workshopkonzepts verlaufen sollen. Prozessmanagement bedeutet dann, ein Regelsystem zur Bearbeitung bestimmter Aufgaben festzulegen.

Es gibt mittlerweile eine Reihe verschiedener Konzepte zur »Prozessoptimierung« – von Kaizen über KVP (Kontinuierlicher Verbesserungsprozess), TQM (Total Quality Management), Six Sigma, Wertstromanalyse … (Übersicht bei Brunner 2017). Letztlich arbeiten alle diese Konzepte mit dem gleichen Prinzip, das wir Ihnen an einem einfachen Beispiel verdeutlichen möchten.

BEISPIEL: DIE ANFRAGEN BLEIBEN LIEGEN

Die IT-Beratung Berg Consult bekommt immer wieder Anfragen: Doch die Bearbeitung dieser Anfragen dauert zu lange, einige Kundinnen und Kunden reagieren verärgert. Im Team wird dieses Thema angesprochen – es muss etwas geschehen!

Diese Situation ist ein gutes Thema für eine Prozessoptimierung: Die einzelnen Schritte des Prozesses werden dargestellt, es werden Probleme identifiziert und Lösungen (Prozessverbesserungen) entwickelt. Die Grundstruktur lässt sich als Tabelle zum Beispiel in folgender Form darstellen:

DER PROZESS ZUR BEARBEITUNG VON ANFRAGEN				
1. PROZESS-SCHRITT	2. BETEILIGTE	3. PROBLEME	4. IDEEN	5. VEREINBARUNG
Kundin oder Kunde schickt E-Mail mit Anfrage	Kundin/ Kunde			
Anfrage wird an Geschäftsführerin (GF) weitergegeben	Backoffice	Es herrscht Unklarheit, wer die Anfrage bekommen soll.		
GF liest Anfrage durch, mailt sie Mitarbeiterin A	GF	Anfrage bleibt liegen.		
A liest Anfrage durch, stellt fest, dass sie nicht zuständig ist, schickt sie an GF zurück	A	Anfrage bleibt wieder liegen.		
GF schickt sie zu B	GF	Anfrage bleibt liegen.		

SPALTE 1: PROZESSSCHRITT. Jeder Prozess hat einen Anfangspunkt (in diesem Fall die Anfrage, die von außen kommt) und einen Endpunkt (hier die Versendung des Angebots an den Kunden oder die Kundin). Dazwischen liegen zahlreiche weitere Aktivitäten. Hilfreich ist, die einzelnen Schritte wirklich konkret darzustellen.

SPALTE 2: BETEILIGTE. In diesem Fall handelt es sich ausschließlich um Einzelaktionen. Es gibt keine gemeinsamen Treffen. Vielleicht kennen Sie dieses Vorgehen aus öffentlichen Verwaltungen: Eine Stellungnahme wird von Dezernat zu Dezernat oder Abteilung zu Abteilung weitergereicht. Jedes Dezernat fügt seinen Kommentar hinzu – ein Vorgehen, das in der Regel zeitaufwendig ist und zusätzliche Rückfragen erfordert.

SPALTE 3: PROBLEME. Hier sind die Probleme nur sehr grob umrissen. Je nach dem zugrunde liegenden Konzept kann man die Probleme genauer differenzieren und messen. So unterscheidet die Wertstromanalyse zwischen Durchlauf- und Bearbeitungszeit: Durchlaufzeit ist die Zeit, die tatsächlich benötigt wird (zum Beispiel zwölf Tage, bis der Kunde das Angebot erhält). Bearbeitungszeit ist die Zeit, die tatsächlich benötigt wird (das wären bei diesem Beispiel vielleicht sechs Stunden.

SPALTE 4 UND 5: IDEEN UND VEREINBARUNGEN. Bei unserem Beispiel liegt es nahe, die verschiedenen Einzelaktivitäten zusammenzufassen. Zum Beispiel berichtet im morgendlichen (virtuellen) Standup die Geschäftsführerin kurz von der Anfrage. Es wird überlegt, wer dafür verantwortlich ist, vielleicht wird ein »Servicelevel« festgelegt, beispielsweise dass das Angebot binnen einer Woche erstellt werden muss.

Dieses Vorgehen der Prozessoptimierung ist plausibel. Allerdings liegt die Grenze darin, dass hier Prozesse gleichsam nur »immanent« optimiert werden. Man versucht, sie schneller, einfacher und damit kostengünstiger zu machen. Doch, ob das im Blick auf den Purpose plausibel ist, ist eine andere Frage. Nicht immer sind die kürzesten Prozesse auch die einfachsten. Beispiele findet man sicherlich im Krankenhausbereich: Die Abrechnung von Leistungen nach festgesetzten Sätzen führt dazu, dass für die Beratung der Patientinnen und Patienten immer weniger Zeit bleibt.

Eine Alternative kann sein, die Veränderung von Prozessen direkt in einen Strategieprozess zu integrieren. Wir haben das zum Beispiel für den Auftragseingangsprozess durchgeführt: Er startete mit einer Vision des Prozesses und damit verbunden, die Bedürfnisse der Kundinnen und Kunden zu erfassen.

LITERATURTIPP

Zu Prozessmanagement gibt es mittlerweile zahllose Literatur. Hilfreiche Einführungen sind:

- Huth, M. (2018): Wiley-Schnellkurs Prozessmanagement. Weinheim: Wiley
- Brandstätter, M./Poppenborg, M. (2021): Das Handbuch für agiles Prozessmanagement. München: Hanser
- Feldbrügge, R. (2021); Systemisches Prozessmanagement. Freiburg: Schäffer-Poeschel

AUFBAUORGANISATION: LINIENORGANISATION, MATRIX, PROJEKTE, SELBSTORGANISIERTE TEAMS UND AMBIDEXTRIE

Wenn sich drei Studierende zusammentun und ein Start-up gründen, sind Überlegungen überflüssig, wie man die Organisation gliedert. Die Verteilung der Aufgaben ergibt sich gleichsam von selbst. Aber wenn eine Organisation größer wird, stellt sich die Frage: Wie strukturieren wir unsere Zusammenarbeit? Ein Prinzip der offenen Türen (jeder kann die anderen jederzeit ansprechen) mag bei drei Personen gut funktionieren, aber nicht bei 50.

Wir möchten Ihnen in diesem Abschnitt einige Formen der Aufbauorganisation vorstellen und Anregungen für den Beratungsprozess geben.

LINIEN- UND STAB-LINIEN-ORGANISATION: Dies ist die klassische Form der Aufbauorganisation. Es gibt eine Gesamtleitung, darunter zum Beispiel mehrere Abteilungen mit jeweils eigener Leitung. In der Stab-Linien-Organisation gibt es neben dieser hierarchischen Gliederung einen oder mehrere Stäbe mit der Aufgabe, die Leitung zu beraten oder bestimmte Supportfunktionen (zum Beispiel Datenschutz) zu übernehmen.

Dieses ursprünglich aus dem Militär stammende Modell wurde Anfang des 20. Jahrhunderts auf Unternehmen übertragen und findet sich bis heute, insbesondere in der öffentlichen Verwaltung. Der Vorteil sind klare Aufgabenteilung und Zuordnung der Verantwortlichkeiten. Es ist hilfreich, wenn schnelle eindeutige Entscheidungen gefordert sind (Polizei, Feuerwehr). Auf der anderen Seite führt diese Organisationsstruktur zu einer Reihe von Problemen.

LINIEN-BEZIEHUNGSWEISE STAB-LINIEN-ORGANISATION	
HÄUFIG AUFTRETENDE PROBLEME	MÖGLICHE INTERVENTIONEN
• Kommunikation über Umwege: Absprachen zwischen verschiedenen Abteilungen laufen über die jeweilige Leitung. • Mitarbeitende führen vorwiegend Anweisungen aus, übernehmen wenig Eigenverantwortung. • Es herrscht eine unklare Kompetenzverteilung zwischen Stab und Linie.	• direkte Kommunikation auf gleicher Ebene • Einführung übergreifender Teams (zum Beispiel Produktion und Technik) • Verlagerung von Verantwortung auf untere Ebenen, Vergrößerung des Entscheidungsfreiraums • Einführung von selbstorganisierten Teams

MATRIXORGANISATION: Ein Beispiel ist die Unterscheidung zwischen fachlicher und disziplinarischer Führung. Eine Mitarbeiterin aus HR kann disziplinarisch ihrem jeweiligen Betreuungsbereich zugeordnet sein, fachlich jedoch der zentralen HR-Abteilung. Vorteile sind Vermeidung von Parallelentwicklungen (nicht jeder Bereich oder Standort entwickelt sein eigenes Personalentwicklungskonzept) und die direkte Kommunikation (direkter fachlicher Austausch zwischen den HR-Mitarbeitenden der verschiedenen Bereiche). Aber auch hier kann es zu Problemen kommen.

MATRIXORGANISATION	
HÄUFIG AUFTRETENDE PROBLEME	MÖGLICHE INTERVENTIONEN
• Hoher Abstimmungsaufwand. Alle Mitarbeitenden müssen sich mit den fachlichen und den disziplinarischen Vorgesetzten abstimmen. • Langsame Reaktionszeiten. Der zentrale Einkauf verzögert zum Beispiel die Beschaffung von Material. • Zu große Distanz zwischen zentraler Steuerung und regionalen Einheiten. Es heißt dann: »die in der Zentrale«. • Kompetenzstreitigkeiten zwischen beiden Steuerungseinheiten	• Matrix »ausbalancieren«, das heißt, für alle Beteiligten passende Lösungen entwickeln • möglichst einfache Tools und Prozesse entwickeln, die individuelle Ausgestaltung ermöglichen • kurze Kommunikationsformen einführen (zum Beispiel kurze Standups) • Verantwortlichkeiten klar regeln (zum Beispiel ob Bestellungen über den Einkauf abgewickelt werden müssen oder ob der Einkauf lediglich Empfehlungen abgibt, Rahmenverträge mit Lieferanten vereinbart und der Bereich entscheidet)

PROJEKTMANAGEMENT – KLASSISCH UND AGIL: Projektmanagement wurde in den 1950er-Jahren entwickelt, als sich zunehmend herausstellte, dass komplexe Entwicklungsaufgaben nicht mehr in einer herkömmlichen Linienorganisation bearbeitbar sind: Die Entwicklung einer neuen Modellreihe im Automobilbereich zum Beispiel ist nicht leistbar, wenn zunächst jeder Bereich (Motorenbau, Karosserie, aber auch Technik, Vertrieb und so weiter) für sich allein entwickelt. Sondern hier müssen die verschiedenen Bereiche »an einen Tisch« gebracht werden. Daraus ergab sich die Grundidee, für komplexe Aufgaben

- die verschiedenen betroffenen Bereiche in einem Projektteam zusammenzufassen,
- den Gesamtprozess in einzelne Teile (Teilprojekte, Meilensteine, Arbeitspakete) zu zergliedern und
- für die Gesamtplanung einen Projektstrukturplan zu entwickeln, der die Reihenfolge der einzelnen Aufgaben, aber in der Regel auch die dafür erforderlichen Zeiten (einschließlich Pufferzeiten) festlegt.

So plausibel dieses Konzept für sich genommen ist, so stellte sich gegen Ende des 20. Jahrhunderts zunehmend heraus, dass das ganze Verfahren zu aufwendig und zu starr ist. Fast immer treten unerwartete Ereignisse ein, der Zeitplan kann nicht eingehalten werden, der Aufwand steigt. Das führte in 1990er-Jahren (zunächst in der Softwareentwicklung) zur Entwicklung des agilen Projektmanagements, dessen Grundprinzipien 2001 im sogenannten Agilen Manifest niedergelegt wurden (Fowler/Highsmith 2001).

DAS AGILE MANIFEST

- »Individuals and interactions over processes and tools.
- Working software over comprehensive documentation.
- Customer collaboration over contract negotiation.
- Responding to change over following a plan.«

Kennzeichnend für agiles Projektmanagement ist:

- Die Planung erfolgt nicht über den gesamten Zeitraum, sondern adaptiv. Das bedeutet: Ein Projekt wird in »Sprints« gegliedert, in Zeiträume von zwei bis vier Wochen.
- Den Ausgangspunkt für den jeweiligen Sprint bildet das Produkt-Backlog, die Sammlung von Kundenanforderungen, aus denen das Team im Sprint-Backlog die Anforderungen auswählt, die es in diesem Sprint bearbeiten kann und will.
- Das Team ist funktionsübergreifend (»crossfunktional«) zusammengesetzt. Die Teammitglieder sollen alle erforderlichen Fachkenntnisse abdecken.
- Die Teammitglieder entscheiden selbstständig, welche Aufgaben sie in welcher Reihenfolge bearbeiten.
- Gesteuert wird der Arbeitsprozess im »Daily Standup«, in dem jedes Teammitglied berichtet, was es am vorherigen Tag getan hat, was es sich heute vornimmt und welche Unterstützung es geben kann oder benötigt.

- Den Abschluss des Sprints bilden Review und Retrospektive: Überprüfung des verwendbaren Teilergebnisses und Retrospektive als Rückblick auf den Prozess.

AGILE TEAMS: Je komplexer und volatiler eine Situation ist, desto weniger ist sie von außen steuerbar. Eine Führungskraft kann bei Entscheidungen nicht mehr alle relevanten Aspekte im Blick behalten. Es ist anderes, spontanes Handeln erforderlich.

Man kann diese Situation mit einem Fußballspiel vergleichen. Stellen Sie sich vor, ein Fußballspiel würde nach den Regeln klassischer Organisationen ablaufen. Das würde bedeuten, dass ein Spieler, bevor er auf das gegnerische Tor zuläuft, zunächst einen Antrag ausfüllen muss, vielleicht Kosten und Nutzen berechnen muss, diesen Antrag dem Trainer weiterleitet, der möglicherweise zunächst ein Beratungsgremium einberuft und im Anschluss an dessen Ergebnis die entsprechende Handlung genehmigt. Genau dem entspricht das Bild mancher Organisationen.

Diese Erfahrungen haben dazu geführt, zunehmend agile Teams einzuführen. Entscheidend dafür ist: Das Team ist crossfunktional aufgestellt, das heißt, es verfügt über alle erforderlichen Kompetenzen, um die Anforderungen erfolgreich bearbeiten zu können. Ein hilfreiches Konzept zur Veranschaulichung von Crossfunktionalität ist das der »T-Shaped-Professionals«.

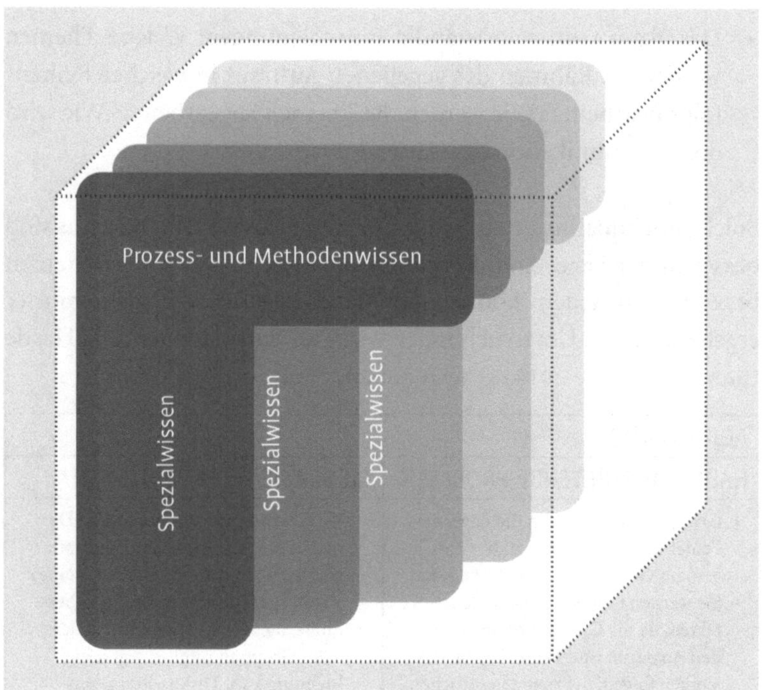

- Der horizontale Balken des T symbolisiert das gemeinsame Wissen, das alle Teammitglieder teilen. Das ist im Wesentlichen Prozess- und Methodenwissen: wie man miteinander kommuniziert, wie Entscheidungen getroffen werden.
- Der vertikale Balken steht für das in die Tiefe gehende Spezialwissen der Einzelnen. Nimmt man das ganze Team in Blick, entsteht eine Struktur, anhand derer ersichtlich wird, dass durch die Multiperspektivität der Beteiligten eine neue, breitere und gleichzeitig tiefgehende Basis von verfügbarem Wissen vorhanden ist.
- Die Teilnahme basiert auf Freiwilligkeit. Hier ist ein deutlicher Unterschied zur herkömmlichen Vorgehensweise, wo Aufgaben in der Regel verordnet werden. »Lust an einem Thema zu haben«, ist entscheidender Erfolgsfaktor. Das aber setzt Freiwilligkeit voraus.

- Das Team trifft selbstständig Entscheidungen: Welche Themen werden im Rahmen des gegebenen Auftrags in welcher Reihenfolge bearbeitet? Wie werden die Themen abgearbeitet? Wie wird die Kommunikation organisiert?

Solche hochqualifizierten und fachlich breit aufgestellten Teams sind besser in der Lage, Anforderungen aus verschiedenen Bereichen zu begegnen. Trotzdem können sich dabei negative Verhaltensmuster ergeben, wie die Untersuchungen von Cass Sunstein und Reid Hastie (Sunstein/Hastie 2014) gezeigt haben.

AGILE TEAMS	
HÄUFIG AUFTRETENDE PROBLEME	MÖGLICHE INTERVENTIONEN
• Gruppen sind kaum in die Lage, die Fehler ihrer Mitglieder zu berichtigen, im Gegenteil, sie verstärken sie. • Sie werden Opfer von Kaskadeneffekten, da die Gruppenmitglieder den Aussagen und Handlungen derjenigen folgen, die zuerst gesprochen oder gehandelt haben. • Sie konzentrieren sich auf das, was alle bereits wissen, und berücksichtigen daher keine kritischen Informationen, über die nur eine oder wenige Personen verfügen. • Gerade bei Teams, die sich menschlich gut verstehen, gibt es eine Tendenz zu homogenem Gruppendenken.	• Vermeidung von Anführenden: Das macht es schwierig, Führungskräfte als gleichberechtigte Mitglieder eines selbstorganisierten Teams zu haben. • Einbezug aller Gruppenmitglieder: Jedes Gruppenmitglied soll seine Meinung zum Diskussionsgegenstand einbringen. • Individuelle Rollen: Durch die crossfunktionale Aufstellung erhalten Gruppenmitglieder eine dezidierte Rolle entsprechend ihrem fachlichen Hintergrund. Sie sollen jeweils ihre Perspektive einbringen. • Als Gegengewicht gegen homogenes Denken kann es sinnvoll sein, einen »Advocatus Diaboli« zu ernennen. Dieser hat die Aufgabe, eine Gegenmeinung zu der der Gruppe zu vertreten, unabhängig davon, ob dies auch seine Meinung ist.

SKALIERUNG AGILER TEAMS: Skalierung bedeutet hier die Übertragung von Selbstorganisation des Teams auf die gesamte Organisation. Dafür gibt es mittlerweile eine Reihe von Modellen. So sind: Scrum@ Scrum (S@S), Large-Scale Scrum (LeSS) und Scaled Agile Framework (SAFe) dadurch gekennzeichnet, dass alle Mitarbeitenden Teil eines selbstorganisierten Teams sind und die verschiedenen Teams ein Netzwerk bilden.

DUALE ORGANISATION/AMBIDEXTRIE: Ambidextrie (wörtlich Beidhändigkeit) bezeichnet die Fähigkeit einer Organisation, sowohl auf der Basis stabiler Prozesse als auch agil und flexibel zu handeln. Dabei wird unterschieden zwischen Exploitation und Exploration: Exploitation ist die Ausnutzung und Optimierung des vorhandenen Wissens (zum Beispiel durch Verbesserung und Standardisierung). Exploration bedeutet die Entwicklung innovativer Lösungen. Beide Aufgaben erfordern eine unterschiedliche Organisationsform, woraus eine duale Struktur entsteht: So (um ein Beispiel aus einem unserer Beratungsprojekte zu nehmen) wurde zum Beispiel ein größerer Laborbereich umstrukturiert in ein größeres Team, das für das Tagesgeschäft zuständig war, wechselnde kleine und agile Teams für das Bearbeiten innovativer Themen und schließlich ein Supportteam für die administrative Unterstützung.

John Kotter bezeichnet diese doppelte Fähigkeit von Organisationen als »duales Betriebssystem« (Kotter 2015). Erfolgreiche Organisationen, so seine Hauptthese, haben eine Doppelstruktur: Auf der einen Seite haben sie eine klassische Hierarchie mit klaren Rollen und Verantwortlichkeiten, über die Kern- und Routineaufgaben der Organisation abgewickelt werden. Auf der anderen Seite besteht zugleich eine Netzwerkstruktur, die es den Organisationsmitgliedern ermöglicht, abseits von den hierarchischen Gegebenheiten zu handeln und flexibel und schnell auf Veränderungen zu reagieren.

AUCH HIER ENTSCHEIDEND: DER BLICK AUF DAS SOZIALE SYSTEM

Es ist relativ einfach, von außen ein neues Organigramm festzulegen oder die agile Organisation zu proklamieren. Es ist etwas anderes, das dann in der Praxis umzusetzen – oder als Beraterin oder Berater den Prozess zu unterstützen. Das Entscheidende, so wird in allen diesen Transformationsprozessen deutlich, sind nicht die Strukturen, sondern die Menschen und wie sie damit umgehen. Da gibt es Befürchtungen, Widerstände, aber vielleicht auch Begeisterung. Da spielen geheime soziale Regeln eine Rolle, man verfängt sich in Regelkreisen. Oder es hängt an der Technik (der materiellen Umwelt). Da ist die Vorgeschichte zu beachten.

Das Handwerkszeug, das Sie als systemische Beraterin oder systemischer Berater hier benötigen, haben wir im dritten Teil »Der Blick auf das soziale System« ausführlich dargestellt. Hier nochmals die wichtigsten Prozessfragen im Überblick.

METHODE: SYSTEMEBENE IN PROZESSEN UND STRUKTUREN

Personen

Entscheidend ist hier, eine »Guiding Coalition« zu finden, also Personen, die den Prozess vorantreiben. Hilfreich können folgende Prozessfragen sein:

- Wer sind die Stakeholder in dieser Umstrukturierung, also die Personen, die den Erfolg entscheidend beeinflussen?
- Wer gewinnt/verliert durch die Veränderung?
- Wer kann sich Erfolg zuschreiben? Wem wird Misserfolg zugeschrieben?
- Wie lässt sich eine »Guiding Coalition« von Unterstützern aufbauen? Wer hat Interesse und die Macht, den Prozess voranzutreiben? Wer sind mögliche Prozesspromotoren, die den Prozess steuern, zum Beispiel Workshops moderieren können?

Für einzelne Themen sind diese Fragen noch zu ergänzen, zum Beispiel:

- Wer hat Lust, in einem selbstorganisierten Team mitzuarbeiten?
- Wer möchte in einer dualen Organisation eher immer wiederkehrende Linienaufgaben ausführen, wer eher innovativ und selbstorganisiert handeln?

Subjektive Deutungen
Menschen, so haben wir festgestellt, handeln auf der Basis des Bildes, das sie sich von der Wirklichkeit machen. Das bedeutet für systemische Organisationsberatung, die subjektiven Deutungen der betroffenen Personen zu klären, und sie zu unterstützen, ihre Deutung zu verändern:

- Wie deuten betroffenen Personen die Situation? Sehen sie sich als Vorreiter einer neuen Entwicklung? Oder sehen sie ihre Arbeit als zusätzliche Belastung?
- Was sind Hoffnungen, Erwartungen, Befürchtungen?
- Wie lässt sich die Situation anders deuten? Was können positive Aspekte sein?
- Wie sehen sie ihre Selbstwirksamkeit? Was sind Möglichkeiten, die Selbstwirksamkeit zu stärken?
- Haben wir einen gemeinsamen Purpose, eine gemeinsame Vision, gemeinsame Werte, an denen wir unser Handeln ausrichten können?

Soziale Regeln
Miteinander arbeiten erfordert gemeinsame Regeln. Auch ein agiles Team hat Regeln und muss Regeln haben – nur sind es eben andere. Daraus ergeben sich folgende Prozessfragen:

- Welche offiziellen und verdeckten Regeln bestehen derzeit in der Organisation? Wie werden sie sanktioniert?
- Inwieweit sind die Regeln sinnvoll? Was wären alternative Regeln? Wie lassen sich Regeln abändern?

Regelkreise

- Was geschieht immer wieder? Haben sich typische Muster herausgebildet?
- Wie können wir hinderliche Regelkreise unterbrechen?
- Welche typischen Konfliktstrukturen existieren?

Systemumwelt

- Wie ist die materielle Ausstattung (Ressourcen, Technik, Räumlichkeiten)?
- Was können wir hier verändern? Lässt sich die Technik verändern, New Work einführen?
- Wie ist die Systemgrenze zu Kundinnen und Kunden, zu anderen Bereichen der Organisation? Was läuft gut? Wo treten Probleme auf? Welche Änderungen sind hier erforderlich?
- Wie ist die Systemgrenze zwischen den selbstorganisiert arbeitenden und den übrigen Bereichen? Muss die Systemgrenze verändert werden?
- Wie ist die Systemgrenze zur Leitung oder in einer Matrixorganisation zur disziplinarischen und fachlichen Leitung? Was können wir selbst entscheiden? Wo benötigen wir Abstimmung?
- Aber auch: Wie wird die Systemgrenze zwischen Privatem und Beruflichem im Homeoffice geregelt? Verschwimmen beide Bereiche? Was kann geändert werden?

Entwicklung

- Inwieweit beeinflusst die Vorgeschichte die heutige Situation?
- Was sind Probleme, die ihre Wurzeln in der Vergangenheit haben? Zugleich: Was sind die Ressourcen, die uns in der Vergangenheit geholfen haben und die wir jetzt nutzen können?
- Der Blick auf die gegenwärtige Situation: Was sollte abgeändert werden? Was soll bewahrt werden?
- Welche Geschwindigkeit der Veränderung braucht oder verträgt die Organisation?

Dies sind Fragen, die dann im Rahmen eines Beratungsprozesses zu diskutieren sind.

Ein Punkt ist uns abschließend wichtig: Es gibt nicht *das* richtige Regelsystem zum Beispiel für selbstorganisierte Teams. Jedes Team, jede Organisation muss das für sich passende Regelsystem entwickeln und abwägen, ob es zum Beispiel ein tägliches Standup oder ein wöchentliches durchführt oder ganz andere Kommunikationsformen entwickelt. Das zu unterstützen, ist Aufgabe systemischer Organisationsberatung.

LITERATURTIPP

Aus der umfangreichen Literatur hier nur einige Anregungen:

- Schmelzer, H.J./Sesselmann, W. (2020): Geschäftsprozessmanagement in der Praxis. 9. Auflage. München: Hanser
- Nicolai, C. (2021): Aufbauorganisation. München: UVK
- Leopold, K. (2018): Agilität neu denken. Wien: LEANability
- Schelle, H./Linssen, O. (2018): Projekte zum Erfolg führen. 8. Auflage. München: dtv
- Ziegler, M. (2018): Agiles Projektmanagement mit Scrum für Einsteiger. 3. Auflage. München: Wolf Digital
- Oestereich, B./Schröder, C. (2019): Agile Organisationsentwicklung. München: Franz Vahlen

Organisationskultur

BEISPIEL: WIR HABEN KEINE ORIENTIERUNG

»Der Vorstand muss uns sagen, wo es langgeht. Wir brauchen Orientierung«, so die Klage der Leitungen von drei Bildungszentren. Doch der Vorstand allein weiß es auch nicht: Wie wird sich die Bildungssituation auf dem Hintergrund von Digitalisierung entwickeln? Wie wird sich die Finanzsituation entwickeln? Die Leitungen erhalten keine Antwort – und beklagen sich weiter.

Die Klage »Der Vorstand muss uns sagen, wo es langgeht, wir brauchen Orientierung« hören wir relativ häufig in unterschiedlichen Organisationen. Daraus entsteht ein Regelkreis: Mitarbeitende fordern von der Leitung Orientierung, aber sie erhalten sie nicht. Unter der Hand entsteht daraus eine verdeckte soziale Regel »Werde erst aktiv, wenn dir die Leitung sagt, wo es hingehen soll«. Das, was hier deutlich wird, ist die Organisationskultur.

INFO: DEFINITION ORGANISATIONSKULTUR

»Organisationskultur *sind die* emotional gespeicherten gemeinsamen subjektiven Deutungen, Werte und Regeln einer Organisation, die symbolisch zum Beispiel in Geschichten, Ritualen, Artefakten erinnert, bewahrt und weitergegeben werden« (König/Volmer 2018, S. 443).

Es können unterschiedliche Werte, unterschiedliche subjektive Deutungen und unterschiedliche soziale Regeln sein, die das Handeln einer Organisation leiten:

- Das genannte Beispiel deutet darauf hin, dass der Wert »Eigenverantwortung« in den Bildungshäusern keine große Rolle spielt –

was sich daraus erklärt, dass es in den vergangenen Jahren relativ unproblematisch war, zusätzliche Gelder vom Vorstand genehmigt zu bekommen. Möglicherweise ist das in einem Start-up ganz anders: Jeder fühlt sich verantwortlich. Oder denken Sie an den Wert »Vertrauen«: Herrscht in der Organisation eine Vertrauenskultur oder eine Misstrauenskultur, wo jede Entscheidung mehrfach überprüft wird, Kontrolle im Mittelpunkt steht?
- Subjektive Deutungen sind je nach der Kultur unterschiedlich. Das reicht von der gemeinsamen Annahme »Der Vorstand ist an allem schuld« über »Die Mitarbeitenden übernehmen keine Verantwortung« bis zu »Wir schaffen es jetzt« oder »Es macht Spaß, hier zu arbeiten«.
- Daraus resultieren dann soziale Regeln: »Solange der Vorstand nicht sagt, wo es langgeht, warte ab«, oder »Frag nicht lang, sondern tu es einfach!«
- Organisationskultur hat etwas mit Emotionen zu tun. Der Satz »Es macht Spaß, hier zu arbeiten« beschreibt Emotionen. Auf der anderen Seite gibt es Teams, in denen einfach eine »schlechte Stimmung« herrscht.
- Die Organisationskultur wird in der Organisation tradiert. Eine neue Mitarbeiterin, die in eines der Bildungszentren kommt, wird schnell von der negativen Stimmung angesteckt, übernimmt die Deutung, dass hier Orientierung fehlt und fühlt sich nicht mehr verantwortlich.

Organisationskultur als Thema für Organisationsberatung bedeutet,
- die Organisationskultur, also die gemeinsamen Werte, subjektiven Deutungen, Emotionen und Regeln einer Organisation zu erkennen,
- die Organisation zu unterstützen, die Organisationskultur zu verändern und zu leben.

Dazu in den folgenden Abschnitten mehr.

DIAGNOSE DER ORGANISATIONSKULTUR

Die Organisationskultur zu erfassen bedeutet, die gemeinsamen Deutungen, Werte und Regeln erfragen, mithilfe von Beobachtungen auf die dahinterstehende Organisationskultur zu schließen. Eine solche Erfassung nimmt zudem die Metaphern, die Bilder und Geschichten in den Blick, die über die Organisation, das Team erzählt werden. Im Einzelnen können Sie dafür die im Kapitel über Diagnose aufgeführten Verfahren verwenden.

BEFRAGUNGEN: Es gibt eine Reihe von Fragebogen zur Erfassung der Organisationskultur. Einer der bekanntesten ist das Denison-Modell der High-Performance Culture, das die Kultur im Blick auf die Dimensionen Mission, Anpassungsfähigkeit, Mitwirkung und Kontinuität erfasst (zum Beispiel Denison u.a. 2012).

Während Fragebogen mit Modellen erfolgreicher Organisationskultur arbeiten, bieten Interviews die Möglichkeit, die für die Gesprächspartnerinnen und -partner wichtigen Aspekte der Organisationskultur offen zu erheben. Sie haben zugleich den Vorteil, dass sich hier nicht nur die rationalen, sondern zusätzlich die emotionalen Aspekte der Organisationskultur erheben lassen.

METHODE: BEISPIELE FÜR INTERVIEWLEITFRAGEN ZUR ERFASSUNG DER ORGANISATIONSKULTUR

- Welche Werte werden bei uns in der Organisation gelebt?
- Was muss man tun, um in der Organisation vorwärtszukommen (oder gegen die Wand zu fahren)?
- Was würden Sie einem Freund oder einer Nachbarin über Ihr Unternehmen erzählen?
- Was wäre eine typische Metapher für Ihre Organisation, ihr Team?
- Was sind typische Geschichten, die Sie sich über die Organisation erzählen?

Stellen Sie sich vor, Ihr Gesprächspartner bringt hier folgende Metapher: »Bei uns geht es zu wie im Affenhaus.« Dann können Sie nachfragen: »Wer sind die Affen, wer die Wärter? Was tun die Affen? …«. Sie werden viel von den unbewussten Aspekten der Organisationskultur aufdecken.

BEOBACHTUNG UND DOKUMENTENANALYSE: Nehmen Sie sich einmal die Zeit zu beobachten, was am Eingang einer Bank oder eines Startups oder einer Behörde vor sich geht: Wie sind die Mitarbeitenden gekleidet? Sind sie fröhlich, plaudern sie – oder gehen alle mit verdrossener Miene ihren Weg. Entsprechend: Wie ist die Einrichtung der Büros? Geschlossene Türen oder offene Arbeitsflächen? Sitzen Führungskräfte mittags an einem eigenen Tisch oder vielleicht sogar einem eigenen Raum – oder mischen sie sich unter die anderen? Wie ist der Tonfall in E-Mails?

Beobachtung der Organisationskultur ist immer ein Stück Interpretation: Welche Regeln stehen dahinter, wenn Führungskräfte sich mittags von den anderen absondern? Achten Sie dabei selbst auf Ihr Gefühl: Was würden Sie empfinden, wenn Sie erleben, wie sich Führungskräfte selbstverständlich in einen eigenen Raum zurückziehen?

ANALOGE VERFAHREN: Arbeiten Sie mit Bildern oder Symbolen oder stellen Sie typische Situationen szenisch dar.

ANALOGE METHODEN ZUR ERFASSUNG DER ORGANISATIONSKULTUR

- Suchen Sie sich ein Symbol oder malen Sie ein Bild Ihrer Organisation.
- Stellen Sie Ihre Organisation mithilfe von Materialien (Pappe, Kleber oder Spielfiguren und andere Materialien) dar.
- Stellen Sie eine typische Situation szenisch dar.
- Stellen Sie sich vor, Sie sind Mitarbeitende in Ihrem Bereich, die sich über ihre Führungskräfte unterhalten.

VERÄNDERUNG DER ORGANISATIONSKULTUR

Wir hatten bislang den Schwerpunkt auf die Ist-Kultur gelegt: Doch die Ist-Kultur ist nicht unbedingt die Kultur, die eine Organisation benötigt. Damit stellen sich zwei Fragen:

- Welche Kultur brauchen wir?
- Wie erreichen wir die neue Kultur?

Wenn man dem Denison-Modell folgt, dann ist die Antwort klar: Wir benötigen eine Kultur, die eine klare Mission hat, die sich durch Anpassungsfähigkeit, Mitwirkung und Kontinuität auszeichnet. Sicherlich sind das Faktoren, die in vielen Organisationen wichtig sind und die eine Richtung geben können. Aber sie bleiben zunächst allgemein und lassen offen, worauf sich eine Organisation konzentrieren muss.

Das leitet unmittelbar zum systemischen Ansatz über: nicht von außen ein Konzept eines Culture-Change überzustülpen, sondern es gemeinsam zu entwickeln. Das kann im Rahmen eines Teamworkshops geschehen (wenn es um den Culture-Change des Teams geht), im Rahmen einer Großgruppenveranstaltung oder eines größeren Prozesses für die Gesamtorganisation.

Zu wissen, dass wir anstelle einer Misstrauenskultur eine Vertrauenskultur benötigen, sagt noch nichts darüber aus, wie wir diesen Kulturwandel umsetzen können. Grundsätzlich gibt es hier drei Ansatzpunkte: die kognitive, die emotionale und die Handlungsebene. Das haben wir ausführlicher im Kapitel über die Veränderung subjektiver Deutungen berichtet (s. S. 113 ff.). Hier nochmals zusammengefasst die wichtigsten Ansatzpunkte.

METHODE: ANSATZPUNKTE ZUR VERÄNDERUNG DER ORGANISATIONSKULTUR

- Einsicht in die Notwendigkeit der Veränderung schaffen: Wenn mir deutlich wird, dass ich mich verändern muss, werde ich mich darauf einstellen.
- Den gemeinsamen Sinn und eine gemeinsame Vision herausarbeiten. Sinn und Vision motivieren auf einer emotionalen Ebene. Wenn mir bewusst ist, dass ich hier etwas Sinnvolles gestalten kann, dass es eine gemeinsame Vision gibt, dann werde ich mein Handeln daran ausrichten.
- Die neue Kultur gemeinsam entwickeln. Wenn ich an der Neugestaltung der Kultur beteiligt bin, wenn ich sie mitgestalten kann, identifiziere ich mich eher damit, als wenn sie mir vorgesetzt wird.
- Strukturen schaffen, die eine veränderte Organisationskultur erfordern, wie zum Beispiel agiles Arbeiten einführen.
- Bilder und Geschichten der neuen Kultur tradieren, zum Beispiel im wöchentlichen Teammeeting Geschichten der Umsetzung berichten (anstelle der üblichen Berichte über Probleme), Erfolgsgeschichten tradieren, Rituale und Symbole (zum Beispiel das T-Shirt mit dem Logo) einführen, den gemeinsamen Ausflug machen.
- Nicht zuletzt: Entscheidender Erfolgsfaktor ist die eigene Persönlichkeit; und das bedeutet, die neue Kultur vorzuleben.

Veränderung der Organisationskultur, so lässt sich zusammenfassen, ist Veränderung eines sozialen Systems. Dabei sind Promotoren wichtig, die davon überzeugt sind und es vorantreiben. Gleichzeitig werden Regeln und Strukturen benötigt, die die Etablierung der neuen Kultur unterstützen.

THEORETISCHER HINTERGRUND UND LITERATUR

Das Thema Organisationskultur wurde Ende der 1980er-Jahre insbesondere durch das Buch »In Search of Excellence« von Tom Peters und Robert H. Waterman (deutscher Titel: »Auf der Suche nach Spitzenleistungen«, 1993) angestoßen. Waterman und Peters stellen die These auf, dass der Erfolg einer Organisation entscheidend von weichen Faktoren wie Wertesystem und Führung abhängt.

Edward Schein, ehemals Organisationspsychologe am MIT, entwickelt das erste Modell der Organisationskultur, wobei er zwischen Artefakten, Werten und gemeinsamen Grundannahmen unterscheidet. Daran schließen sich eine Reihe unterschiedlicher Kulturmodelle und Vorschläge zur Veränderung, wobei gemeinsames Ergebnis ist, dass sich die Kultur gewiss nicht einfach technisch verändern lässt, wie manche Ratgeber es suggerieren.

LITERATUR

- Schein, E. (2010): Organisationskultur: 3. Auflage. Bergisch Gladbach: EHP
- Herget, J. (2020): Unternehmenskultur gestalten. Berlin, Heidelberg: Springer
- McHale, S. (2020): The Insider's Guide to Culture Change. New York: HarperCollins Leadership
- Kühl, S. (2018): Organisationskulturen beeinflussen. Wiesbaden: Springer

Teil 5

Anhang

Nachwort

Sie haben in den vorangegangenen Kapiteln viele inhaltliche und methodische Aspekte systemischer Organisationsberatung kennengelernt. Wir möchten in diesem Nachwort die Quintessenz des Buches zusammenfassen. Was ist das Wesentliche, was systemische Organisationsberatung für uns in ihrem Kern ausmacht?

DER BLICK AUF DAS SOZIALE SYSTEM: Organisationen als soziale Systeme zu verstehen ist die zentrale These dieses Buchs. Organisationen sind nicht mit ihren Organigrammen gleichzusetzen. Sie sind komplexe Systeme, die aus dem Zusammenspiel von Personen, ihren subjektiven Deutungen und den Strukturelementen Regeln und Regelkreisen entstehen, sich von ihrer Umwelt abgrenzen und sich im Zeitverlauf entwickeln.

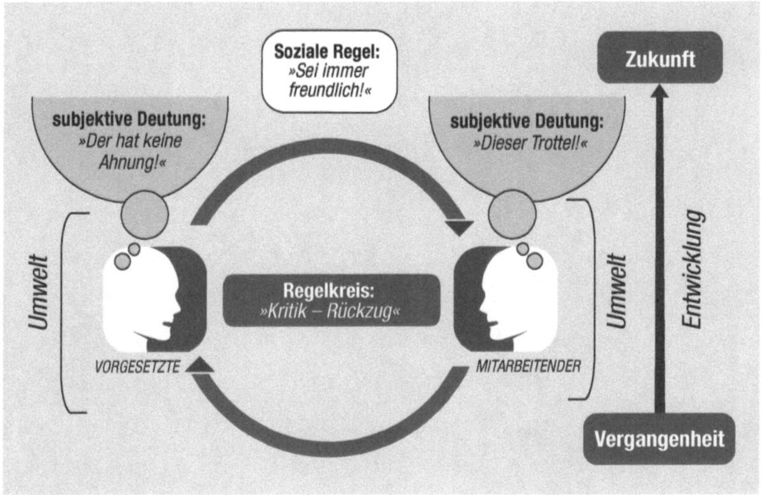

Dabei ist für uns zentral, die Personen als Teil des Systems zu verstehen: Es sind Menschen, ihre Gedanken, ihre Hoffnungen und

Befürchtungen, die eine Organisation beeinflussen. Gleichzeitig werden einzelne Personen, wird ihr Denken und Handeln vom sozialen System beeinflusst, entwickelt ein soziales System eine Eigendynamik, die über die Intentionen einzelner Personen hinausführt. Es gibt nicht »die Ursache« für bestimmte Probleme, sondern verschiedene Faktoren wirken wechselseitig aufeinander, Ursache und Wirkung bedingen sich gegenseitig.

Hier setzt systemische Organisationsberatung an: ein Unternehmen, ein Krankenhaus, eine Schule, eine Behörde als soziales System zu verstehen und sie zu unterstützen, Herausforderungen zu bewältigen.

Damit ist systemische Organisationsberatung mehr als eine Veränderung von Prozessen und Strukturen. Sie ist Unterstützung der Organisation oder einzelner Personen in einer Organisation, für sich die Situation zu klären und neue Lösungen zu finden. Das schließt nicht aus, dass Sie als Beraterin oder Berater Anregungen geben – aber das System, die einzelnen Personen, das Team, die Organisation insgesamt »entscheiden«, was sie daraus machen und wie sie damit umgehen.

DER BLICK AUF DAS SOZIALE SYSTEM: WAS IST DAS?

»Menschen werden von sozialen Systemen beeinflusst – aber Menschen können auch Systeme verändern.« – Das ist die Hauptthese systemischen Denkens und auch dieses Buchs. Systemische Organisationsberatung bedeutet dann, Organisationen, Teams und Einzelpersonen dabei zu unterstützen,

- sich der Verbindungen und Einflüsse in ihrem jeweiligen sozialen System bewusst zu werden und sie zu reflektieren,
- Spielräume im sozialen System zu erkennen, zu nutzen und zu erweitern
- und Anstöße zur Veränderung sozialer Systeme zu geben.

MENSCHENBILD UND HALTUNG ALS GRUNDLAGE: Systemische Organisationsberatung ist für uns etwas anderes als die bloße Anwendung von Tools. Grundlage ist das humanistische Menschenbild in der Tradition von Abraham Maslow, Carl Rogers, Fritz Perls, Virginia Satir und anderen. Menschen und Organisationen – so für uns die zentrale These – sind autonom und können sich weiterentwickeln. Organisationen sind nicht technisch steuerbar, sondern sie besitzen eine Eigendynamik. Systemische Organisationsberatung ist damit nie technische Steuerung, sondern ist Unterstützung eines sozialen Systems, sich selbst weiterzuentwickeln, neue Lösungen für anstehende Herausforderungen zu finden.

Daraus ergeben sich die drei Grundhaltungen von Beratung: Wertschätzung, Empathie und Authentizität (oder, wie Rogers formuliert, Kongruenz). Wir haben es in den vorausgehenden Kapiteln immer wieder angesprochen:

- *Wertschätzung* der Organisation und den Menschen in der Organisation gegenüber bedeutet, nicht von außen die »richtige« Lösung überzustülpen, sondern darauf zu vertrauen, dass die Organisation über die Ressourcen verfügt, sich selbst weiterzuentwickeln. Organisationsberatung heißt, diese Ressourcen aufzudecken und die Entwicklung zu unterstützen.
- *Empathie* bedeutet, sensibel zu sein für die verschiedenen Sichtweisen in einer Organisation. Machen Sie sich bewusst, dass die entscheidenden Kompetenzen und das Wissen für die Lösung jeweils schon in der Organisation vorhanden sind. Ihre Aufgabe als Beraterin oder Berater ist, Teams und einzelne Personen dabei zu unterstützen, ihr verdecktes Wissen sich bewusst zu machen (denken Sie an Interviews als Möglichkeit der Systemdiagnose), zu nutzen und auf dieser Basis selbst neue Lösungen zu entwickeln – etwa in einem Teamworkshop, in dem es darum geht, gemeinsam eine Vision zu entwickeln oder Prozesse zu verbessern. Das schließt nicht aus, dass Sie als Beraterin oder Berater Anregungen (Erfahrungen, theoretische Modelle, konkrete Ideen)

einbringen, aber eben nur als Anregungen, nicht als »die richtige« Lösung.

- *Authentizität* bedeutet, dabei zugleich als Beraterin oder Berater authentisch zu bleiben, das zu tun, wozu Sie stehen können. Organisationsberatung ist keine Technik, wo Sie bestimmte Vorgehensweisen einfach anwenden. Sondern nutzen Sie Ihr »Bauchgefühl«, ihre »somatischen Marker«. Gehen Sie offenen Auges durch das Gebäude, lassen Sie die Menschen, denen Sie begegnen, auf sich wirken, reflektieren Sie im Nachhinein die Gespräche, die Sie geführt haben und achten Sie dabei auf Ihr Gefühl – und Sie erhalten damit zahlreiche Informationen, die Ihnen helfen, die richtigen nächsten Schritte in Ihrem Beratungsprozess zu gehen.

Wir formulieren es meistens in unseren Beratungsprozessen folgendermaßen: »Wir haben grenzenloses Vertrauen in das Wissen und die Kompetenz der Organisation, die wir beraten. Die Aufgabe für uns als Berater ist es, dieses Wissen für die Organisation nutzbar zu machen.«

Das macht systemische Organisationsberatung in gewisser Hinsicht leicht, spannend, vor allem aber schön: ein soziales System dabei zu unterstützen, sich selbst weiterzuentwickeln.

Wir wünschen Ihnen dafür viel Erfolg und große Freude bei dieser Arbeit!

Über die Autoren

PROF. DR. ECKARD KÖNIG und DR. GERDA VOLMER sind die Begründer der systemischen Organisationsberatung in Deutschland. In den 1980er-Jahren kamen sie in Kalifornien in Kontakt mit der Systemtheorie in der Tradition von Gregory Bateson, der die Hypothese vertritt, die Entwicklung des Einzelnen immer auch im Zusammenhang des sozialen Systems zu sehen. Daraus entstand – begleitet von Forschungen an der Universität Paderborn – das Konzept der »personalen Systemtheorie« und seine Umsetzung in den Bereichen Organisationsberatung und Coaching. Eckard König und Gerda Volmer führen seit über 30 Jahren Ausbildungen in Systemischer Organisationsberatung, Systemischem Coaching und Systemischem Change-Management durch.

YANNIK FLEER, M.Sc., ist systemischer Organisationsberater, agiler Coach und Trainer für Führungskräfte und Teams. Er berät zahlreiche Unternehmen und öffentliche Organisationen unter anderem zu den Themen Führung, agiles Arbeiten und Innovationsmethoden. Er ist Lehrtrainer in der Ausbildung Systemische Organisationsberatung, der Weiterbildung in Systemischen Change-Management und in der Systemischen Trainer-Qualifizierung. Yannik Fleer ist Geschäftsführer des Wissenschaftlichen Instituts für Beratung und Kommunikation in Paderborn und lehrt an der Universität zu Köln als Dozent für systemische Organisationsberatung und systemisches Coaching.

Literaturverzeichnis

Augsten, T./Brodbeck, H./Birkenmeier, B. (2017): Strategie und Innovation. Wiesbaden: Springer Gabler.

Ballreich, R. (Hrsg.) (2020): Systemische Perspektiven. Stuttgart: Concadora.

Bamberger, G. (2015): Lösungsorientierte Beratung. 5. Auflage. Weinheim, Basel: Beltz.

Bandura, A. (1997): Self-efficacy in Changing Societies. Cambridge: Univ. Verl.

Bang, R. (1963): Hilfe zur Selbsthilfe. 2. Auflage. München: Reinhardt.

Barnow, S. (2018): Gefühle im Griff! 3. Auflage. Berlin: Springer.

Bateson, G. (1981): Ökologie des Geistes. Frankfurt am Main: Suhrkamp.

Berking, M. (2017): Training emotionaler Kompetenzen. 4. Auflage. Berlin, Heidelberg: Springer.

Bertalanffy, L. von (Hrsg.) (1972): Systemtheorie. Funkuniversität. Berlin: Colloquium.

Bleicher, K. (2017): Das Konzept integriertes Management. 9. Auflage. Frankfurt am Main, New York: Campus.

Bonsen, M. zur (1994): Führen mit Visionen. Wiesbaden: Gabler.

Bonsen, M. zur/Maleh, C. (2012): Appreciative Inquiry (AI): Der Weg zu Spitzenleistungen. 2. Auflage. Weinheim, Basel: Beltz.

Bortz, J./Döring, N. (2016): Forschungsmethoden und Evaluation. 5. Auflage. Berlin: Springer.

Brandstätter, M./Poppenborg, M. (2021): Das Handbuch für agiles Prozessmanagement. München: Hanser.

Braun, K. (2020): Master of Workshop – Workshops gestalten. Niederaula: Fischer Consultings.

Brecht-Hadraschek, B./Feldbrügge, R. (2015): Prozessmanagement. 4. Auflage. München: Redline.

Breuer, J./Frot, P. (2012): Das emotionale Unternehmen. 2. Auflage.

Brunner, F. (Hrsg.) (2017): Japanische Erfolgskonzepte. 4. Auflage. München: Carl Hanser.

Bude, H./Dellwing, M./Blumer, H. (Hrsg.) (2013): Symbolischer Interaktionismus. Berlin: Suhrkamp.

Chandler, A. (1962): Strategy and structure. Cambridge, Mass.: MIT Press.

Daimler, R. (2019): Basics der Systemischen Strukturaufstellungen. München: Kösel.

Damasio, A. (2004): Descartes' Irrtum. Berlin: List.
Dehner, R.; Dehner, U. (2014): Schluss mit diesen Spielchen! Frankfurt am Main, New York: Campus.
Denborough, D. (2017): Geschichten des Lebens neu gestalten. Göttingen: Vandenhoeck & Ruprecht.
Denison, D.; Hooijberg, R.; Lane, N.; Lief, C. (2012): Leading Culture Change in Global Organizations. New York: John Wiley & Sons.
Eberhardt, D. (2021): Generationen zusammen führen. 3. Auflage. Freiburg: Haufe.
Ebner, M. (2019): Positive Leadership. Wien: facultas.
Ehret, K./Klütmann, C./Molter, H./Brüggemann, H. (2016): Systemische Beratung in fünf Gängen. 6. Auflage. Göttingen: Vandenhoeck & Ruprecht.
Einsle, F./Hummel, K. (2015): Kognitive Umstrukturierung. Hrsg.: Peter Neudeck. Weinheim: Beltz.
Faschingbauer, M. (2021): Effectuation. 4. Auflage. Stuttgart: Schäffer-Poeschel.
Feldbrügge, R. (2021): Systemisches Prozessmanagement. Freiburg: Schäffer-Poeschel.
Fisher, R./Ury, W./Patton, B. (2020): Das Harvard-Konzept. 4. Auflage. München: Deutsche Verlags-Anstalt.
Fowler, Martin/Highsmith, J. (2001): The agile manifesto. In: Software development 8 (9), S. 28–35.
Frindte, W./Geschke, D. (2019): Lehrbuch Kommunikationspsychologie. Weinheim: Beltz.
Gigerenzer, G. (2021): Bauchentscheidungen. München: Pantheon.
Gigerenzer, G./Gaissmaier, W. (2011): Heuristic decision making. In: Annual review of psychology.
Glasl, F. (2020): Konfliktmanagement. 12. Auflage. Bern, Stuttgart: Haupt; Verlag Freies Geistesleben.
Glasl, F./Lievegoed, B. (2021): Dynamische Unternehmensentwicklung. 6. Auflage. Bern, Stuttgart: Haupt; Verlag Freies Geistesleben.
Götzfried, A. (2022): Logbuch Emotionale Intelligenz. Weinheim, Basel: Beltz
Greenberg, L. (2006): Emotionsfokussierte Therapie. Tübingen: dgvt.
Günther, E. (2018): Stakeholder Management. Konstanz: UTB.
Hall, A./Fagen, R. (1974): Definition of System. In: F. Händle (Hrsg.): Systemtheorie und Systemtechnik. Sechzehn Aufsätze. München: Nymphenburger, S. 125–137.

Händle, F. (Hrsg.) (1974): Systemtheorie und Systemtechnik. München: Nymphenburger.

Härtl-Kasulke, C. (2017): Mein Erfolgstagebuch. Weinheim, Basel: Beltz

Hausner, H. (2019): Verkaufen für Freiberufler. Wiesbaden: Springer.

Herget, J. (2020): Unternehmenskultur gestalten. Berlin, Heidelberg: Springer Gabler.

Hinterhuber, H. (2007): Strategische Unternehmensführung. 8. Auflage. Berlin: E. Schmidt.

Hoch, R. (2016): 400 Fragen für systemische Therapie und Beratung. Weinheim: Beltz.

Hoch, R./Vater, S. (2019): Kartenset Fragetechnik für systemisches Coaching. Weinheim, Basel: Beltz

Hofert, S. (2021): Agiler führen. 3. Auflage. Wiesbaden: Springer; Springer Gabler.

Huth, M. (2018): Wiley-Schnellkurs Prozessmanagement. Weinheim: Wiley.

Ischebeck, K. (2019): Erfolgreiche Konzepte. 5. Auflage. Offenbach: Gabal.

Jánszky, S./Jenzowsky, S. (2010): Rulebreaker. Wien: Goldegg.

Jiranek, H./Edmüller, A. (2021): Konfliktmanagement. 6. Auflage. Freiburg: Haufe.

Johansen, B./Euchner, J. (2013): Navigating the VUCA World. In: Research-Technology Management 56 (1), S. 10–15.

Kahneman, D. (2019): Schnelles Denken, langsames Denken. 25. Auflage. München: Siedler.

Kahneman, D./Sibony, O.; Sunstein, C. (2021): Noise. Large print edition. New York, Boston, London: Little Brown Spark.

Keller, E. (2019): Tools für Nachhaltigkeit in Beratung und Training. 2. Auflage. Bonn: managerSeminare.

Kindl-Beilfuß, C. (2021): Fragen können wie Küsse schmecken. 10. Auflage. Heidelberg: Carl-Auer.

Knapp, P. (Hrsg.) (2021): Konfliktlösungs-Tools. 7. Auflage. Bonn: managerSeminare.

König, E./Volmer, G. (2018): Handbuch Systemische Organisationsberatung. 3. Auflage. Weinheim, Basel: Beltz.

König, E./Volmer, G. (2020): Einführung in das systemische Denken und Handeln. 2. Auflage. Weinheim, Basel: Beltz.

Kopnina, H./Blewitt, J. (2018): Sustainable Business. Abingdon: Routledge.

Kostka, C./Mönch, A. (2009): Change Management. 4. Auflage. München: Hanser.

Kotter, J. (2013): Leading Change. München: Vahlen.
Kotter, J. (2015): Accelerate. München: Franz Vahlen.
Krips, D. (2017): Stakeholdermanagement. 2. Auflage. Berlin, Heidelberg: Springer.
Kühl, S. (2016): Strategien entwickeln. Wiesbaden: Springer.
Kühl, S. (2018): Organisationskulturen beeinflussen. Wiesbaden: Springer VS.
Kühl, S. (2020): Brauchbare Illegalität. Frankfurt am Main, New York: Campus.
Kuntz, B. (2014): Die Katze im Sack verkaufen. 4. Auflage. Bonn: manager-Seminare.
Lamnek, S.; Krell, C. (2016): Qualitative Sozialforschung. 6. Auflage. Weinheim: Beltz.
Lauterburg, C.; Doppler, K. (2014): Widerstand im Change-Management-Prozess. Frankfurt am Main: Campus.
Leopold, K. (2018): Agilität neu denken. Wien: LEANability.
Lindemann, H. (Hrsg.) (2019): Heldinnen, Ufos und Straßenschuhe. Göttingen: Vandenhoeck & Ruprecht.
Lindemann, H. (2019): Konstruktivismus, Systemtheorie und praktisches Handeln. Göttingen: Vandenhoeck & Ruprecht.
Lindemann, H. (2020): Systemisch-lösungsorientierte Gesprächsführung in Beratung, Coaching, Supervision und Therapie. 2. Auflage. Göttingen: Vandenhoeck & Ruprecht.
Lindemann, H. (2021): Die systemische Metaphern-Schatzkiste. 4. Auflage. Göttingen: Vandenhoeck & Ruprecht.
Luhmann, N. (1984): Soziale Systeme. Frankfurt am Main: Suhrkamp.
Lutterer, W. (2021): Eine kurze Geschichte des systemischen Denkens. Heidelberg: Carl-Auer.
Marek, D. (2010): Unternehmensentwicklung verstehen und gestalten. Wiesbaden: Gabler.
McHale, S. (2020): The insider's guide to culture change. New York: HarperCollins Leadership.
Mintzberg, H. (1995): Die strategische Planung. München, Wien, London: Hanser; Prentice Hall.
Müller, M. (2017): Einführung in narrative Methoden der Organisationsberatung. Heidelberg: Carl-Auer.
Neyer, F./Asendorpf, J. (2018): Psychologie der Persönlichkeit. 6. Auflage. Berlin: Springer.
Nicolai, C. (2021): Aufbauorganisation. 3. Auflage. München: UVK.

Nowotny, V. (2016): Agile Unternehmen. Göttingen: BusinessVillage.

Oestereich, B./Schröder, C. (2020): Agile Organisationsentwicklung. München: Franz Vahlen.

Osann, I./Mayer, L./Wiele, I. (2020): Design Thinking Schnellstart. 2. Auflage. München: Carl Hanser.

Patrzek, A. (2021): Systemisches Fragen. 3. Auflage. Wiesbaden: Springer.

Peters, T./Waterman, R. (1993): Auf der Suche nach Spitzenleistungen. 15. Auflage. Landsberg am Lech: Moderne Industrie.

Roehl, H./Winkler, B./Eppler, M./Fröhlich, C. (Hrsg.) (2012): Werkzeuge des Wandels. Stuttgart: Schäffer-Poeschel.

Rogers, C. (1977): Therapeut und Klient. München: Kindler.

Rogers, C./Schmid, P. (2004): Personzentriert. 4. Auflage. Mainz: Matthias-Grünewald-Verl.

Rogers, E. (2003): Diffusion of innovations. 5. Auflage. New York: Free Press.

Rohm, A. (Hrsg.) (2020): Change-Tools. 7. Auflage. Bonn: managerSeminare.

Rollka, B./Schultz, F. (2011): Kommunikationsinstrument Menschenbild. Wiesbaden: VS Verlag für Sozialwissenschaften.

Rosa, H. (2021): Resonanz. 5. Auflage. Berlin: Suhrkamp.

Saller, T./Mauder, S./Flesch, S. (2016): Tabu. Versteckte Regeln und ungeschriebene Gesetze in Organisationen. Stuttgart: Haufe.

Satir, V. (2010): Kommunikation, Selbstwert, Kongruenz. 8. Auflage. Paderborn: Junfermann.

Satir, V./Baldwin, M. (2004): Familientherapie in Aktion. 6. Auflage. Paderborn: Junfermann.

Satir, V./Banmen, J./Gerber, J./Gomori, M. (2007): Das Satir-Modell. 3. Auflage. Paderborn: Junfermann.

Schein, E. (2010): Organisationskultur. 3. Auflage. Bergisch Gladbach: EHP.

Schelle, H./Linssen, O. (2018): Projekte zum Erfolg führen. 8. Auflage. München: dtv.

Schmelzer, H./Sesselmann, W. (2020): Geschäftsprozessmanagement in der Praxis. 9. Auflage. München: Hanser.

Schmiedinger, C./Rasche, C./Thonfeld, E./Tuchen, K. (2021): Agile Transformation. München: Hanser.

Schnell, R./Hill, P./Esser, E. (2018): Methoden der empirischen Sozialforschung. 11. Auflage. Berlin, Boston: De Gruyter.

Schöffner, G. (2020): Changeprozesse positiv gestalten. Stuttgart: Schäffer-Poeschel.

Schulz von Thun, F. (1998): Miteinander reden. Sonderausgabe. Reinbek bei Hamburg: Rowohlt.

Schwartz, S. (2007): Universalism Values and the Inclusiveness of Our Moral Universe. In: Journal of Cross-Cultural Psychology 38 (6), S. 711–728.

Schwartz, S. (2012): An Overview of the Schwartz Theory of Basic Values. In: Online Readings in Psychology and Culture 2 (1).

Schwartz, S./Cieciuch, J./Vecchione, M./Davidov, E./Fischer, R./Beierlein, C. u. a. (2012): Refining the theory of basic individual values. In: Journal of Personality and Social Psychology 103 (4), S. 663–688.

Sinek, S. (2014): Frag immer erst: warum. München: Redline.

Sprenger, B. (2020): Sprich nicht drüber, aber halte dich dran. Göttingen: Vandenhoeck & Ruprecht.

Storch, M. (2018): Das Geheimnis kluger Entscheidungen. 11. Auflage. München: Piper.

Strobach, T. (2020): Kognitive Psychologie. Stuttgart: W. Kohlhammer.

Strunk, G. (2021): Free Hugs. Wien: Complexity-Research, Forschung & Lehre.

Sunstein, C./Hastie, R. (2014): Making dumb groups smarter. In: Harvard business review.

Thaler, R./Sunstein, C. (2020): Nudge. Ungekürzte Ausgabe im Ullstein Taschenbuch, 16. Auflage. Berlin: Ullstein.

Vahs, D. (2015): Organisation. 9. Auflage. Stuttgart: Schäffer-Poeschel.

Vahs, D./Weiand, A. (2020): Workbook Change Management. 3. Auflage. Stuttgart: Schäffer-Poeschel.

Vester, F. (1991): Unsere Welt. 7. Auflage. München: dtv.

Watzlawick, P. (2009): Anleitung zum Unglücklichsein. 15. Auflage. München: Piper.

Watzlawick, P./Beavin, J./Jackson, D. (2017): Menschliche Kommunikation. 13. Auflage. Bern: Hogrefe.

Welge, M./Al-Laham, A./Eulerich, M. (2017): Strategisches Management. Wiesbaden: Springer.

Wellensiek, S. K. (2020): Logbuch Resilienz. Weinheim, Basel: Beltz

Werther, D. (Hrsg.) (2020): Vision – Mission – Werte. 2. Auflage. Weinheim, Basel: Beltz.

Whitmore, J. (2006): Coaching für die Praxis. Staufen: Allesimfluss.

Wodtke, C. (2016): Introduction to OKRs. Sebastopol, CA: O'Reilly Media.

Ziegler, M. (2020): Agiles Projektmanagement mit Scrum für Einsteiger. 3. Auflage. München: Wolf.

Mit Veränderungen des digitalen Wandels umgehen

Die Belastungen durch Digitalisierung und die hochdynamische Arbeitswelt sind mittlerweile überall sichtbar. Daher ist es unerlässlich zu lernen, wie am besten damit umzugehen ist. Die Autorinnen und Autoren dieses Mini-Handbuchs beschreiben Strategien und Taktiken, um digitale Resilienz entwickeln zu können. Gerade die Generationenvielfalt der Autorenschaft beleuchtet das Thema aus unterschiedlichen Blickwinkeln spannend, theoretisch fundiert und absolut praxisnah.

Coaches, Beratende, Trainerinnen und Trainer sowie Personaler und Führungskräfte erhalten viele Handreichungen, Methoden und Tipps für ihre Arbeit, die sie weitergeben können. Denn nur wer sich aktiv mit den Veränderungen auseinandersetzt, kann den Stress in Schach halten und digitale Resilienz aufbauen. Viele Beispiele erleichtern die Umsetzung.

Aus dem Inhalt:

- Auf in eine neue Welt: Krise oder Chance? U-Bahn-Netz der Resilienz
- Digitale Resilienz: Begriffsklärung, Herausforderungen, Best Ager und das digitale Zeitalter
- Zukunftsorientierte Arbeitskultur: Resilienz als Entwicklungschance, agile Teams, Digital Leader
- Facetten von Resilienz
- Permanente Veränderungen nachhaltig meistern

Ines Scheuffele, Katrin Keller,
Nina Charlotte Kelle, Angelika Kindt,
Rolf Dreier
Mini-Handbuch Digitale Resilienz
Mit E-Book inside
1. Auflage 2022. 190 Seiten. broschiert
ISBN 978-3-407-36788-4

www.beltz.de

BELTZ